读懂孩子的行为心理

陈晓 著

江苏凤凰科学技术出版社·南京

图书在版编目（CIP）数据

读懂孩子的行为心理 / 陈晓著. -- 南京：江苏凤凰科学技术出版社, 2025.5. -- ISBN 978-7-5713-4950-9

Ⅰ. B844.1

中国国家版本馆CIP数据核字第20259G6Q05号

读懂孩子的行为心理

著　　　者	陈　晓
责 任 编 辑	陈　艺
责 任 设 计	蒋佳佳
责 任 校 对	仲　敏
责 任 监 制	方　晨
出 版 发 行	江苏凤凰科学技术出版社
出版社地址	南京市湖南路1号A楼，邮编：210009
出版社网址	http://www.pspress.cn
印　　　刷	天津睿和印艺科技有限公司
开　　　本	880 mm×1 230 mm　1/32
印　　　张	6
字　　　数	190 000
版　　　次	2025年5月第1版
印　　　次	2025年5月第1次印刷
标 准 书 号	ISBN 978-7-5713-4950-9
定　　　价	42.00元

图书如有印装质量问题，可随时向我社印务部调换。

目录

第1章 好父母须知：儿童心理学入门知识

儿童心理知多少 ... 002
透视儿童行为心理 ... 002
儿童心理健康的标准 ... 003
儿童心理问题的常见表现 ... 004
儿童心理问题产生的原因 ... 005
儿童心理健康自测 ... 007

与孩子密切相关的八大心理效应 ... 008
不听话——禁果效应 ... 008
不耐烦——超限效应 ... 009
忘性大——遗忘曲线规律 ... 010
人来疯——选择性缄默 ... 010
爱说谎——孩子认知发展的正常阶段 ... 011
爱撒娇——安全效应 ... 012
坐不住——多动障碍 ... 012
怕黑——睡眠障碍 ... 013

不同年龄段孩子的心理需求 ... 014
0～3个月 ... 014
4个月～3岁 ... 015
4～6岁 ... 016
7～12岁 ... 017

13 ~ 18 岁 017

健康儿童心理培养十准则 018
言传身教 018
因材施教 019
适度关注 021
学会倾听 021
平等 022
细心 023
尊重 023
正确表扬 024
正确表达爱 024
给孩子更多的陪伴 025

父母不可不知的心理教育误区 026
随意行使否决权 026
一味溺爱孩子 027
习惯用物质"贿赂"孩子 028
唠叨 030
对孩子许下"空头支票" 031
"棍棒"教育 032
对孩子期望过高 033
专制与占有欲 034
父母总吵架 035
家庭冷暴力 035

第2章 走进"小宇宙"：读懂孩子的行为模式

哭声，孩子从出生就有的特殊语言 **040**

哭声抑扬顿挫——宝宝在做运动 040

陌生人一抱就哭——宝宝开始认生 042

一旦和妈妈分开就号啕大哭——分离焦虑 043

跌倒后，越哄哭得越厉害——紧张害怕性啼哭 044

吃奶哭闹，伴随流口涎——鹅口疮 045

排尿时痛哭——尿布疹、尿路感染 046

夜间哭闹易醒，伴随多汗和烦躁等——佝偻病 047

排便时哭闹——便秘、腹泻、腹痛 048

傍晚大哭，伴随惊声尖叫——新生儿肠绞痛 050

白天能安静入睡，入夜则啼哭不安——小儿夜啼 052

肢体语言，孩子的直接表达方式 **056**

宝宝的心事用"脸"说 056

当宝宝在微笑时，他在想什么 057

眼睛是心灵的窗户 058

好动是孩子的天性 059

手部小动作，体现"大心事" 060

怪异举止，孩子成长中可能存在的现象 **062**

口吐泡泡——正常的生理现象 062

故意捣蛋、伸手打人——想引起注意 063

爱吃手指——宝宝处于"口欲期" 064
反复扔东西——不断体现学到的新本领 066
爱说狠话——诅咒敏感期的表现 068
喜欢说"不"——第一反抗期来了 070
喜欢上下楼梯——行走敏感期到来 072
随口咬人——正处于口腔敏感期 073
喜欢抢别人的东西——自我意识开始萌芽 074
孩子总是尿裤子——顺利度过肛欲期 076
和大人抢着接电话——提升语言表达能力 078
把别人的东西拿回家——只是喜欢不是偷 080
偷看大人洗澡、玩弄生殖器——性意识开始萌芽 082
孩子恋物——从"完全依恋"走向独立 085
爱告状——依赖心理的表现 088

第3章 父母多学习：化解"熊孩子"难题

掌握科学、高效的育儿技巧 092
表扬要具体、可信 092
惩罚孩子要得当 095

换一种方式拒绝 097
安抚孩子前，先控制自己的情绪 099
无规矩不成方圆，事先定好规矩 100
给孩子纠错时，父母先认错 102
孩子间争吵时，少一些干预 103
玩游戏时，不必时刻让着孩子 104

如何解决育儿难题 106

黏人 106
自卑 109
嫉妒 111
爱顶嘴 114
爱说谎 116
爱打架 118
叛逆 121
稍不如意就哭闹 123
沉默少语，不合群 126
"小心眼儿" 128
厌学 130
偏科严重 133
爱攀比 136
容易半途而废 138
沉迷电子产品 141

第4章 培养好习惯：让孩子全面发展

用餐好习惯，让孩子吃饭香、身体棒 146
从添加辅食开始，好好吃饭 146
规律吃饭，定时定量 152
细嚼慢咽，吃饭更香 153
不挑食、不偏食，营养全面 154
科学摄取日常小零食 155

起居好习惯，健康生活从小做起 156
自己的衣服自己穿 156
学会主动收拾自己的物品 157
不做"电视迷" 159
跟"小磨蹭"说拜拜 161
外出注意安全 163

睡眠好习惯，让孩子一觉到天亮 164
从小建立规律的作息 164
适当午睡对夜间安睡很重要 165
正确的睡姿有利于舒心睡眠 166
适当的睡前活动有助入眠 167
保持良好的心情入眠 168
睡前不宜太兴奋 168

非睡眠时间不要待在床上	169
赖床是种坏习惯	169
孩子夜惊不仅仅是做噩梦	170
孩子"闹觉"不能一味"哄"	170
做不尿床的好孩子	171

学习好习惯，打造小小"智多星" ... 172

用正确的姿势看书、写字	172
学会管理学习用品	173
做到自主学习	173
学会制订学习计划	175
合理把握学习过程	175
独立钻研，多思善问	176
多向别人学习	176
不做学习"马大哈"	176

其他好习惯，让孩子全面发展 ... 178

从小培养讲卫生的好习惯	178
多做运动，强身健体	180
做懂礼貌的好孩子	181

孩子的内心世界，
远比我们想象的要丰富。
读懂孩子的心灵世界，
了解其行为背后的心理需求，
才能给孩子科学、合理的爱。

孩子打架

孩子尿床

孩子闹觉

第 1 章

好父母须知：
儿童心理学入门知识

儿童心理知多少

> 有一种爱，叫作"爸爸妈妈懂你"。世界上没有问题儿童，只有不会正确引导孩子的父母。理解孩子的心理需求，才能成为育儿路上的"老司机"。

透视儿童行为心理

如今，受生活环境、社会经济等因素的影响，很多成人和儿童都或多或少地承受着各式各样的压力。一般成人会有自己排遣情绪的方式，从而得到部分缓解，而儿童由于处于语言和自主行为能力的发展期，自我调节能力有限，更容易出现心理行为的异常。有些心理行为的异常表现可能会随着儿童的生长发育而逐渐减少发生的频率甚至消失，而有些异常表现如没有及时得到纾解，将可能伴随儿童的一生，影响其身心的健康发育和未来的发展。

儿童心理疾病发病率较高，不可忽视。据联合国儿童基金会2019年报道，世界范围内的儿童青少年心理行为问题（障碍）的发生率约为20%。在低收入家庭中，这个比例更高。2001年，美国卫生局正式出台《儿童心理健康国家行动议程》，标志着美国解决青少年心理健康问题的国家级战略基本成型。近年来，我国政府也对儿童心理健康给予了高度重视。

每一个孩子都是一粒生命的种子，这粒种子只有具有生理营养才能生根发芽，具有心理营养才能长得更茁壮、茂盛。生理营养易得，心理营养难求。每一位父母都应关心孩子的心理需求，给予孩子"科学"的养分，这样才能让孩子健康茁壮地成长。

儿童心理健康的标准

世界卫生组织提出"健康"的概念：一个人只有在躯体健康、心理健康、社会适应良好和道德健康四方面都健全，才算是完全健康的人。

儿童是处于特定年龄阶段的特殊群体，他们具有与年龄和角色相应的心理行为特征。儿童心理健康的标准可以概括为三个方面：敬业、乐群、自我修养。

敬业

学习是儿童的主要活动。心理健康的儿童是能够正常学习的，且学习中能充分发挥智力和能力的作用，进而产生成就感。成就感不断得到满足，就会产生乐学感，如此形成良性循环。

乐群

人际关系方面，儿童心理健康体现在以下几个方面：能了解彼此的权利和义务；能客观了解他人；关心他人需要；能诚心地赞美和善意地批评；积极沟通；保持自身人格的完整性。

自我修养

心理健康的儿童能正确认识自我、体验自我和控制自我。具体表现为善于正确评价自我，能通过别人来认识自己，具有自制力，能扩展自己的生活经验，根据自身实际情况确立抱负水平等。

需要注意的是，心理健康标准只是一个相对的衡量尺度，应该辩证、全面地理解和应用。判断一个人的心理特征，要充分考虑其稳定性，不能简单地根据一时一事下结论。尤其是对心智尚处于发育期的儿童来说，他们偶尔出现一些偏离正常的心理活动和行为表现，并不意味着一定就是心理不健康了，应视具体情况而定。心理健康状态也并非静态的、固定的，而是动态的、变化的。也就是说，心理健康与否只反映某一段时间内的特定状态。

儿童心理问题的常见表现

随着孤独症、多动症等儿童行为心理疾病发病率的不断攀升,儿童期孩子的心理健康问题也引起了父母和社会的关注。以下介绍几种儿童常见的心理行为问题,帮助父母了解儿童期孩子的心理发展特点,做好孩子的心理保健及矫正工作。

坏情绪
乱发脾气、善变、爱哭、经常情绪低落、屏气发作等。

不合群
不愿称赞他人、唯我独尊、肢体冲突、拒绝结交朋友、结交"坏"朋友等。

言行异常
咬指甲、抽动症、入睡困难、偏食、撒谎、爱攀比、厌学、过分追求表扬、不能接受批评、离家出走等。

缺乏自控力
爱迟到、做事磨蹭、喜欢半途而废、难以集中注意力等。

语言障碍
口吃、语言表达能力差、语言发育迟缓、选择性缄默等。

性格变化
自卑、嫉妒、孤僻、叛逆、依赖、敏感、惧怕、过度害羞等。

儿童心理问题产生的原因

影响儿童心理健康发展的因素很多，其中影响稳定、持久、深刻的因素主要有个人因素、家庭因素、社会环境因素和学校因素。

儿童身心发育特点

体质虚弱、容貌奇特、智力发育不良、先天性畸形、肥胖等身体状况，都是诱发儿童心理行为异常的因素。比如，有些儿童因为有生理缺陷，常常遭到其他孩子的围观和嘲笑，久之就会导致性格孤僻、精神萎靡不振、沉默寡言、不合群等。

另外，儿童处于自我意识逐渐加强期，独立性与依赖性同在，自觉性与幼稚性并存，他们一方面发现新的自我，要求独立自主，另一方面又表现得非常幼稚，缺乏必要的分析判断能力。他们年龄小、阅历浅、知识少，不善于理性思考，因而容易受到外界消极环境因素的影响，造成心理问题的产生。

家庭环境的不良影响

如果一个孩子乖巧懂事，通常是因为外界给了他一种积极健康的循环模式；反之，如果孩子"精力过剩"，往往是因为他在成长初期走入了一种消极的循环模式，而这种影响又以家庭影响最为深刻。

孩子乖巧懂事，吃得好，睡得香，健康又快乐，大人也更好带。

孩子"精力过剩"，难以管教，孩子过得辛苦，身边的人也很吃力。

现代家庭中，很多父母望子成龙心切，但又缺乏儿童心理素质教育的常识，不顾孩子的心理发展水平和承受能力，对他们提出过多的要求，这样会使孩子的心理压力过大，最终形成忧郁、孤僻、退缩、逆反心理。另外，有部分父母对子女娇惯溺爱，也容易造成孩子自私自利、任性、蛮横、懒惰、依赖等不良心理。此外，家庭破裂、夫妻感情不好，也会给孩子造成心理创伤和失落感。

社会消极因素的影响

社会对儿童的影响因素是十分广泛且复杂的。不良的社会舆论导向、腐朽的意识形态和道德观念，对儿童的心灵起着潜移默化的消极影响。社会上坏人的影响、品行不良同伴的诱惑、不良文化的影响，都会给儿童带来严重的精神污染，导致心理问题的产生。此外，过度依赖电子产品、过早接触不良网络信息及游戏成瘾也是儿童心理问题的成因。

学校不良因素的影响

当前，虽然大部分学校已经逐步实现全面素质教育，但依然有不少学校遵从传统"应试教育"模式，给儿童的心理健康造成了消极的影响。过早的启蒙、超负荷的学习量、超高的学习难度、超长的学习时间等，容易导致儿童心理和身体上的疲劳以及情绪上的不安。在教育方式上，有的学校也存在教师教育方法不正确的问题，有的教师挖苦、讽刺学生，对学生差别对待等，这也严重影响了儿童正常心态的形成。爱玩闹是孩子的天性，学校不应压抑孩子的这种天性，而应合理安排孩子的课业以及课余活动，多让孩子到户外活动，让孩子在轻松、愉悦的环境中成长。

儿童心理健康自测

看看下面15道儿童心理健康测试题，对照一下自己的孩子，回答"是"计1分，回答"否"计0分，最后计算总分数。

项目	是	否
孩子能轻易被逗笑	1	0
孩子不经常耍脾气	1	0
孩子能安稳地躺下睡觉	1	0
孩子不总把家人激怒	1	0
孩子不挑食	1	0
孩子饭量稳定	1	0
孩子吃饭时不经常耍脾气	1	0
孩子有要好的小朋友	1	0
孩子不经常失去自制力	1	0
孩子不总需要看管	1	0
孩子（适龄）能做到夜间不尿床	1	0
孩子没有吮手指的习惯	1	0
孩子不经常抽噎、啜泣	1	0
孩子能独自安静地待一会儿	1	0
孩子不常有恐惧心理	1	0

测出的分数：_____

测试结果评估

得分在11分以上，说明孩子心理很健康。得分在6~10分，说明孩子心理健康水平中等，存在一定的隐患。父母应注意培养孩子战胜失败、消除恐惧的技能，磨炼孩子的意志，提高孩子的抗挫折能力。得分在5分以下，说明孩子心理健康指标较低，这可能是由多方面的原因造成的。作为父母，让孩子的身体和心理健康成长，责无旁贷。可以针对孩子相应的弱点有耐心地寻求解决的方法。

与孩子密切相关的八大心理效应

> 只要多用心,通晓一点儿童心理学知识,你就会发现,孩子各种让人烦恼的行为,并非自己所想的那么严重。了解下面这些常见的儿童心理学知识,亲子教育将事半功倍。

不听话——禁果效应

很多父母都会有这样的心得:越不让孩子去做某件事,孩子越会去做这件事,而且屡禁不止,这是怎么回事呢?其实,这是一种禁果效应。禁果效应是一种逆反心理现象,通俗来讲,就是越不被允许,就越是想要尝试的一种心理,结果反而会产生相反的效果。

孩子天生具有强烈的好奇心,禁果效应在孩子身上尤其明显。这就需要父母的合理疏导和正确引导。很多时候,父母出于对孩子的关心和爱护,会对孩子提出一些具体的要求,比如不能冒险等,但父母越是不让做,孩子可能越好奇,他们很想尝试一下不听父母的话会有什么结果。这种因好奇而产生的探索欲望,其实对孩子的成长非常有利,但对父母来说,出于各种考虑,是不愿意甚至难以接受孩子这么做的。

可以说,禁果效应指向的就是孩子的好奇心。好奇心无所谓好坏,用在好的方面就能起到积极的作用,反之就会加重负面效应。父母只要能恰当地利用禁果效应,那么在处理某些事情时就会达到意想不到的效果。

父母课堂

碰到孩子不听话时,别急着"上火",否则很容易犯先入为主和以偏概全的错误。父母应尽量心平气和地对待孩子各种稀奇古怪的问题和不听话的行为。

不耐烦——超限效应

生活中经常发生这样的现象：父母反复告诫孩子要收拾好自己的玩具，孩子却依旧我行我素；多次要求孩子放学后先写完作业再看会儿电视就休息，但孩子总是不听话。父母没完没了的"要求"，往往让孩子产生听觉疲劳，时间久了甚至会让孩子极度反感，其结果是适得其反。

孩子的不耐烦、不听话，心理学上称之为"超限效应"。这是一种纯粹的心理反应，只要触及了超限点，就会引发孩子的超限效应，轻则表现出不耐烦，重则产生逆反心理。儿童由于身体功能和心理发育不成熟，更容易产生这种反应。

所以，父母无论是要求、批评孩子，还是夸赞孩子，都应把握一个度，并不是多多益善。批评多了孩子会不耐烦，不易引起警觉和重视；表扬多了孩子会索然无味，激励作用也就无从谈起。

父母课堂

在亲子教育中，一句话重复一百遍不会成为真理，而真理重复一百遍却可能成为一句废话。无论父母的出发点多么正确，一旦触犯超限效应，在孩子那里就得不到正面的回馈。反复地、苦口婆心地劝说，对孩子提出过高的要求，这些都会引起孩子心理上的不耐烦，甚至产生抵触心理。

忘性大——遗忘曲线规律

孩子的记忆力和学习成绩一直都是父母关心的问题。他们总觉得孩子丢三落四、忘性大是导致其学习成绩上不去的主要原因。其实,孩子的忘性大,与其大脑处于成长期,整体逻辑思维和条理性尚未成熟有关,并不表示孩子的记忆力就是异常的。父母可以利用"遗忘曲线规律",帮助孩子培养好记性。

德国心理学家艾宾浩斯在研究中发现,遗忘在学习之后开始,且遗忘的过程并不均衡。根据他的实验结果绘成的描述遗忘进程的曲线,被称为"艾宾浩斯遗忘曲线",这一遗忘曲线展示了记忆和遗忘的规律。在记忆最初阶段,遗忘速度最快,而后逐渐减慢,48小时后如果不进行再记忆,遗忘率高达72%。这也间接说明了复习和重述的重要性。据此帮助孩子掌握正确的记忆方法,孩子就不会出现忘性大的问题了。

父母课堂

睡前是记忆的黄金时段。心理学研究表明,人体在睡眠过程中记忆并未停止,大脑会对之前接收的信息进行归纳、整理、编码、储存。所以,睡前的这段时间,对于增强孩子的记忆力来说非常珍贵。父母可以与孩子一起进行睡前阅读、讲故事等,可以有效提高孩子的记忆力。

人来疯——选择性缄默

有些孩子在某些场合会显得特别兴奋,有点人来疯,而在另一些场合却又显得郁郁寡欢,不太合群。特别是上学以后,这种不合群的现象越发明显,这就是典型的选择性缄默。它是指已获得了语言能力的孩子,因精神因素的影响而出现的一种在某些特殊场合保持沉默不语的现象，其实质是社交功能障碍，而非语言障碍。

选择性缄默多发生于孩子3~5岁阶段，患儿智力发育正常，主要表现为沉默不语，甚至长时间一言不发。这种缄默不语的现象具有选择性，即在一定场合下会讲话，如对所熟悉的人，而在陌生的场合或陌生人面前会拒绝讲话，或仅用手势、点头、摇头等来表达自己的意见。选择性缄默属于心理障碍，父母应引起重视。

父母课堂

孩子一般会在陌生环境下表现得不怎么爱说话，这时候父母应该根据孩子的个性进行有针对性的引导。父母要接纳孩子的个性，如果孩子天生内向敏感，就不能一味要求或鼓励孩子融入环境或主动与他人交流，更不能逼迫或强制孩子进行表达。

爱说谎——孩子认知发展的正常阶段

孩子爱说谎是一种普遍存在的心理现象。这是因为他们开始了解他们的想法并不一定会被他人所知道，也开始知道别人可能跟自己有不一样的想法，所以才会说谎。说谎并不一定是坏事，表明孩子开始理解自己和他人的想法可能存在不同。

对此，父母千万不要轻易地将谎言与孩子的品质联系在一起。其实，孩子说谎很少出于恶意，与其说他们在说谎，不如说他们在提供错误的信息。父母应该做的是鼓励孩子说实话，并确保孩子的谎言不会伤害到他自己和他人。如果因为孩子说谎就对孩子下错误的定义，会影响对孩子的正确评价。

父母课堂

当孩子出现撒谎行为后，父母首先要冷静下来，认真分析孩子撒谎行为背后的真正原因，这样才能有针对性地纠正孩子撒谎的不良习惯。只有理智地面对孩子的撒谎行为，孩子才会信任父母，才会勇敢地向父母敞开心扉。

爱撒娇——安全效应

心理学家通过对多个家庭的跟踪调查发现，孩子之所以爱撒娇，最大的心理动机是缺乏安全感。换句话说，孩子撒娇，是在渴求父母的爱。很多父母不理解，总以为孩子撒娇是另有目的的，殊不知，这是因为他们的爱不能给孩子带来安全感。孩子生活在不安中，只能向父母求助，于是便越发爱撒娇。

心理学研究表明，儿童时期的安全感非常重要，如果一个人在儿童时期没有获得充足的安全感，那么他有可能一辈子都摆脱不了不安全的心理阴影。因此，父母都应理性对待孩子的撒娇，认真、仔细地甄别孩子"撒娇"诉求的目的，区别对待，以便更好地给予孩子所需的安全感。

> **父母课堂**
>
> 除了撒娇，还有些孩子会对玩具娃娃或毛绒玩具产生依赖的感情，要抱着睡觉，即使脏了也不愿意放手，这种感情依赖类似于撒娇，也是孩子缺少安全感的表现，那些玩具是对父母缺席时的感情弥补。

坐不住——多动障碍

如果一个孩子不能长期保持注意力集中，做事总是半途而废，他很有可能患上了多动障碍。患有多动障碍的孩子一般会表现出做事冲动和过于活跃、有焦虑感和交往障碍、经不起挫折、学习困难、注意力不集中、粗心大意等问题。久而久之，这些孩子很容易产生自卑感、消极心理，并出现厌学、逃学、说谎等行为。

> **父母课堂**
>
> 多动症的诊断需要专业人士才能进行，如果父母怀疑孩子有多动症，建议到儿童医院心理行为科进行诊断，并寻求专业的帮助。

怕黑——睡眠障碍

当孩子说怕黑、不敢一个人睡觉的时候,很多父母都会想:这孩子太胆小了,应该让他独自睡,以培养他独立和勇敢的精神。他们认为,这样做可以帮助孩子克服怕黑和不敢一个人睡的恐惧感。其实,这只是表面现象,他们没有去挖掘深层次的原因。

孩子怕黑、不敢一个人睡,其实质是睡眠障碍。经常惊醒的孩子渴望开灯睡觉和有人陪伴睡觉。设想这样的场景:孩子在深夜醒来,置身黑暗中,这是他不熟悉的环境和情形,他会多么害怕,多么渴望得到父母的帮助。可是,他不敢跑到父母的房间寻求帮助,甚至不敢下床去开灯。处在这样的情形下,孩子会想,要是开着灯那该多好啊!而父母往往会用"胆小""要勇敢"等评价和鼓励来处理,这样就容易忽略深层次的原因。

不仅仅是怕黑,打呼噜、尿床、梦魇、夜惊、梦游等都是孩子常见的睡眠障碍,应引起父母的重视。

父母课堂

父母可以通过营造舒适的睡眠环境来提高孩子的睡眠质量。此外,还应该让孩子养成合理的睡眠作息习惯,并严格遵守作息时间。孩子晚上睡觉的时候,卧房内应该保持安静和舒适,里面不要摆放电脑、电视、电话等;晚上不要让孩子喝兴奋性饮料,不要让孩子吃太多;不要让孩子将床作为活动的场所,如在床上玩耍等。

不同年龄段孩子的心理需求

> 想要有针对性地了解孩子行为背后的诉求，我们首先要知道孩子心理成长的几个阶段，并知悉其在每个阶段的心理营养需求。

0~3个月

此阶段的婴儿，更多的是用感官来感觉生活的。饿了，就要吃到奶水；尿了，就需要有人清理；冷了热了，就需要有人帮忙增减衣物。孩子有这些生理需求时，主要通过哭泣来引起父母的注意，如果父母能够及时给予关注和回应，孩子的需求往往都会得到满足，孩子就会觉得自己生长在一个安全的环境中。

这一年龄段的孩子，其心理营养是"无条件接纳"和"生命中至重"。这种心理营养更多是母亲给予的。在生养孩子后，母亲体内就会分泌两种物质，一种是催产素，在奶水中满足孩子的生理需要和心理营养需要；另一种是本体胺，会让母亲有满足感——怎么看自己的孩子都是最美、最可爱的，这种物质一般会在3个月后消失，其作用主要是满足孩子的心理需要。

孩子在这个时期的心理营养必须由"重要他人"来提供。这个"重要他人"，优先是父母，这也是血缘关系的神奇所在。至于爷爷奶奶或外公外婆，或是保姆阿姨，也可以是"重要他人"，但能否达到效果，要看孩子的性格。如果父母不当这个"重要他人"，而孩子又不选其他的人的话，孩子就会有心理缺失。他可能会用一生的时间去寻找自己生命中的"重要他人"来满足这个需求。

4个月～3岁

安全感是此阶段儿童生存的基本需求。有安全感的孩子情绪稳定、性格坚定平和，遇事不会惊慌失措，也能较好地融入与小伙伴的交往关系中；反之，缺乏安全感的孩子，多表现为情绪波动大、胆小怕事、自闭、性格孤僻、承受挫折的能力弱等人格倾向。需要注意的是，这个阶段的孩子语言、思维和适应能力增强，但识别危险的能力较差，故应注意防止意外伤害的发生。

孩子需要的是安全感，有了安全感，他们才敢去接触和适应这个世界，这个安全感的来源是父母。

他们需要从父母那里得到这样的安全感：

我想去"冒险"，我可以得到爸爸妈妈的支持和照顾。

尽管我有时看不到妈妈，但我知道妈妈对我的爱一直都在。

如果父母整天吵架、关系不和，对孩子而言，可能就是地狱般的恐惧。所以，父母应尽量做到：

夫妻关系稳定	妈妈情绪稳定
爸爸妈妈即使有争吵和冲突，也要让孩子意识到父母自己有能力去解决	妈妈越会处理自己的情绪，孩子越能感觉到安全。如果妈妈情绪焦虑，孩子就容易吸收这些消极情绪，引发自身的焦虑

4~6岁

4~6岁的孩子体格发育速度减慢,但求知欲强、可塑性强,此阶段是培养孩子良好习惯的重要时期。这一时期孩子需要的心理营养主要来源于父母,需要父母在这个阶段帮助孩子建立自信心,给予赞美、肯定和鼓励,让孩子有责任感。

一般情况下,人在4岁以后就有了"我"的记忆和关于"我"的认识:我是谁?我可爱吗?我有价值吗?此时孩子需要从父母身上获取关于肯定、赞美、鼓励和认同的心理营养,这样孩子长大以后才会变得更有自信,遇到挫折也有力量去面对。

父母对孩子的影响	父母对孩子的承诺
①人生价值观 ②自我概念 ③性别认同	①孩子,需要我时我就在你身边,别怕 ②孩子,我允许你犯错

真是我的宝贝乖女儿!

可以这么说,父母不仅是孩子安全感、自我价值感和自信心的来源,同时也在塑造孩子成为什么样的人的过程中扮演着至关重要的角色。除此之外,这个阶段,父母要多和孩子相处,起到家庭模范作用,具体包括:

- 如何处理生活上的难题,父母的方法及态度。
- 如何处理人际关系。
- 如何处理情绪。

这个"模范"可以帮助孩子解决这些问题:当我碰到问题时,我该怎么办?如果我心情不好,我怎么办?我与别人意见不同时,我怎么办?

7～12岁

7～12岁的孩子，需要的心理营养是尊重、信任和自由。他们已经开始脱离模仿记忆的阶段，进入思维能力训练与增加的阶段。这一阶段的孩子总是想着要离开过去那种狭小的生活圈子，开始具有抽象思维能力，并产生道德意识和社会感。此阶段也是儿童社交关系的敏感时期，他们会强烈地意识到自己是社会团体的一员，并开始具备自尊心、自信心。他们已经能根据自己的兴趣探索事物，有了自己的理想，能意识到自己属于一定的团体和组织了。

12岁以前的心理营养非常重要。心理学研究显示，很多问题儿童的出现，都与孩子在12岁前所需要的心理营养不健全有关。如果在12岁以前，孩子得到了父母或是家人给予的安全感，懂得爱与被爱，有良好的生活习惯，学会了独立自主，能处理和维护好人际关系，懂得处理自己的情绪，有自我价值观，他们的人格通常很健全，成长道路也会更加顺畅。

13～18岁

这一阶段是父母给孩子最后一次补充心理营养的黄金阶段，尤其是在16岁以前。这时父母需要做的就是接纳孩子，尊重孩子，多花时间和孩子在一起，并对孩子起到正面的模范作用。

超过16岁的孩子，其心理调整会非常困难，而且失败率高。因为这时孩子不信任你，即使你想尝试改变，他也会去试探你，有所保留。这时，他们需要的是被接纳、认同和鼓励，即使孩子拒绝，父母也要坚持。

健康儿童心理培养十准则

> 一个人人格的形成与天生气质有关，更与后天的培养有关，尤其是儿童期的培养。所以，请一定要用对的方法爱孩子，这样你就能亲眼看着一个懵懂的心灵长出爱与健康的果实。

言传身教

观察一下身边的孩子，我们总会发现，有的孩子脾气暴躁，有的孩子坚强忍耐，有的孩子文明有礼，有的孩子胡搅蛮缠。而如果仔细观察一下这些孩子的家庭，我们又能够发现，孩子这些性格的形成，与他们的成长环境是分不开的。

俗话说，父母是孩子的第一任老师，也是孩子终生的老师。的确，父母就像孩子的一面镜子，父母怎么做，孩子怎么学，孩子的性格塑造与父母的一言一行密切相关。所以，父母在孩子面前一定要做好表率，这样才会被孩子"照"进去更多优秀的品质。

有些家长一边自己玩游戏、搓麻将，一边要求孩子好好学习。试想一下，在这样的环境下，孩子会有好的学习心情和浓厚的学习兴趣吗？但如果家长喜欢学习，而且言行举止充满正能量，还用得着天天对孩子耳提面命吗？正如孔子所说："其身正，不令而行；其身不正，虽令不从。"

父母平时对人对事公平、公正、真诚，这种态度也会传递给孩子，父母也更容易和孩子成为朋友，孩子遇事也会愿意和父母讲心里话。也许孩子现在还小，一时间无法明白，但在潜移默化中，孩子早晚会明白，遇到事情时，也会想起父母曾经对他讲过的话，并

在实践中理解父母对他的教诲。

父母在对孩子言传身教的同时，不妨也在孩子身上找找当初那些纯真美好的品质，陪伴孩子一起成长。当发现问题时，不要急于给孩子"定罪"，而应冷静下来审视一下自己，想一想自己在这个过程中扮演过什么样的角色。

因材施教

每个孩子都有各自与生俱来的独特气质，在这种气质基础上，孩子的活动与社会环境相互作用，便形成了性格。不同气质的孩子通常会表现出不同的行为。通常，人的气质可以分为四种类型，分别是胆汁质、抑郁质、黏液质和多血质。

性格类型	性格特征	教育原则
胆汁质	目标很明确，比较有主见，独立性强，喜欢自由，讨厌受约束；性格开朗、坦率，不拘小节，但性子急，脾气暴躁，且自我约束能力不强	帮助孩子学会认识自己，包括自己的优势和缺点；教育孩子学会接受他人的意见；给予孩子足够的空间；注重孩子自控力的培养
抑郁质	比较胆小，不爱讲话，不爱与人交往；情感细腻，敏感，容易受到外界影响；专注，想象力丰富，富有同情心	适时鼓励、赞美孩子，别轻易给孩子下不好的定义；营造轻松、快乐、温馨的家庭氛围；鼓励孩子参加集体活动
黏液质	情绪稳定，做事稳健，考虑问题全面，善于克制和忍耐，注意力集中；常缺乏主见，压抑自己的感受，消极	多与孩子沟通，注重正面引导，激发孩子的动力与热情；不要总是问责和苛求孩子，少给孩子泼冷水
多血质	活泼好动，精力充沛，反应迅速，善于交际，适应环境的能力强；缺乏耐性，注意力不易集中，情绪不稳定，做事浮躁，不踏实	做到扬长避短，因势利导，发挥孩子的长处；注重培养孩子的耐心和毅力，加强其责任和自律意识

儿童心理学家表示，根据儿童的性格类型因材施教是很有必要的。孩子的发展有其独特之处，存在个体差异。这种个体差异无好坏之分，也不能决定一个孩子将来成就的高低。许多父母总觉得多血质、胆汁质类型的孩子将来成就大，而抑郁质和黏液质类型的孩子日后成就有限，这是片面的。父母若存有这种先入为主的观念，对孩子的发展是极为不利的。

还有的家长不了解自家孩子的特点与长处，总盲目地拿自家孩子与别人家的孩子进行比较，认为别人家的孩子强，甚至用贬低自家孩子的方式去刺激其自尊心，反而使孩子逐渐丧失学习的主动性与积极性，甚至产生各种各样的心理问题，如自卑、孤僻、叛逆等。

父母需明确，每一类性格既有积极的一面，也有消极的一面。胆汁质类型的孩子热情好动，但略显冲动、缺少耐心；多血质类型的孩子活泼亲切，但可能轻率肤浅；黏液质类型的孩子恬静稳重，但可能略显迟钝；抑郁质类型的孩子虽然内向孤僻，但感情细腻。可以说，每一种性格类型都有其不稳定性，最终会向积极的还是消极的方面发展，这取决于父母在日常生活中是否对孩子施加了正确的影响。

孩子出生后，虽然性格类型已经确立，但典型性格特征还需要后天来完善。大多数孩子是以某种性格特征为主，兼具其他性格特征的某些特点的。父母可以采用具体的方法，强化孩子性格类型中好的一面，压制甚至消除不好的一面。为达到这一目的，父母一定要了解自家孩子的性格类型，有针对性地进行教育引导，教育孩子正确对待自己的气质类型，改造自身的消极方面。

适度关注

独立，是对孩子成长的一项基本要求，但是现代的父母往往对孩子溺爱、娇惯，为孩子包办一切，导致孩子没有自理能力。有很多孩子都上中学了，还不会自己洗衣服、叠衣服。也有很多父母在教育孩子的时候都会说："自己的事情自己做。"可当看到孩子把玩具弄得满屋都是，或是磨磨蹭蹭半天也穿不好衣服，又有多少父母能忍住内心的冲动，坚持让孩子自己做完这些事情呢？

父母总是不自觉地插手孩子的成长，孩子交什么样的朋友，如何与他人相处，将来要做什么，每一步都要掌舵引航，随时为孩子扫清障碍，指引方向。平心而论，我们确实可以为孩子做任何事，但是我们可以代替他们成长吗？当然不能。

父母需要意识到：自己并不是万能的，我们保护和养育孩子的努力并不总是成功的。对做父母的来说，糟糕的就是，不能接受自己在抚育孩子上的一点点缺点。我们每个人时不时地都会犯错误，事实上，成为分寸拿捏妥当的父母就足够了。生活之所以充满了乐趣，往往也正是由于这些残缺。只有意识到这一点，我们在面对自己的孩子时才会变得放松，孩子也才会在一种较为自由的环境中成长。

所以，父母对孩子的关注，适度就好，过度关注孩子，反而容易给孩子带来压力。父母要做的就是看好孩子，避免孩子发生大意外，但是也要让他们做一些力所能及的事情，以培养孩子的独立性和自主性，帮助孩子建立自信。父母应该把心放宽一些，开阔视野，给孩子一个更大的成长空间。

学会倾听

倾听，是父母与孩子重要的、有效的沟通方式之一。父母只有善于倾听孩子的心里话，知道孩子想什么、关注什么和需要什么，才能有针对性地给予孩子关心和帮助，这样不但可以增进亲子感情，也可以让孩子感受到家庭的温馨，觉得自己有烦恼和问题时可以得到父母的体谅和支持。这种体验有助于孩子勇往直前,勇于提出自己的想法,将来也能成长得更自信、更出色,父母的家庭教育工作也更容易开展。

如果父母关闭了倾听孩子的耳朵,就会封闭通往孩子心灵的大门。长期下去,孩子慢慢习惯了沉默,他们也就不愿意再和爸爸妈妈交流了,哪怕是委屈,也会缄默不语,这对孩子将来在社会上的生存是极为不利的。

那么,父母如何才能成为孩子的"好听众"呢?

学会"放下身段"去倾听

爸爸妈妈千万不要摆出高高在上的姿态,认为孩子的烦恼是小事情,或是斥责孩子"没出息"。其实孩子的心理承受能力比大人差,遇到问题很容易表现出悲观失望的情绪,甚至会委屈哭泣。

摆出"听"的姿势

比如,和孩子紧挨着坐,并面向孩子,与孩子平视,用眼神鼓励,表达出"宝贝,你说吧,妈妈(爸爸)正在听呢"的意思,这样孩子会觉得自己受到了重视,更乐意交谈。千万不要两手抱着胳膊,或边做自己的事情边听孩子说。

带着爱和鼓励去倾听

倾听孩子不是简单的单向沟通,而是一种双向互动。在倾听的过程中,父母要饱含爱意,走入孩子的内心,让孩子诉说烦恼,并帮助孩子化解难题,这样才能达到倾听的效果。在听的过程中,还可以使用一些鼓励性的话语,如"原来是这样,真厉害""我也是这样想的",也可以提一些简单的问题进一步引导孩子。

平等

在亲子关系中,沟通是非常重要的,而沟通的前提是平等。当沟通顺畅的时候,孩子的心理问题会降至最低,因为良好的沟通是解决问题的重要方法。绝大多数父母是愿意和孩子沟通的,绝大多数孩子也愿意与父母交流,但由于父母与孩子所处的地位、所关心的内容都不同,便形成了诸多的沟通障碍。

想要和孩子平等相处，让孩子获得成长所需的安全感，父母就一定要放下"家长的身段"，在家庭中营造一种民主的氛围，让孩子拥有一定的"话语权"。只有平等才能让孩子全心投入，健康成长。

细心

孩子的言行举止透露着他的身体状况和心理状况，父母应随时随地透过这些细小的方面了解孩子的情况，多和孩子沟通，不能想当然地从自身感觉出发去理解孩子。

在生活中，父母要细心留意孩子的行为变化。如果孩子总是哭，也许是饿了，也许是某种情绪在起作用，并非完全无理取闹。此时，细心的父母应该给孩子一个机会，让孩子拥有这个舒缓情绪的"通道"，之后，孩子会变得更坚强和自信。如果孩子时常出现烦躁、闷闷不乐的情绪，除了可能是身体状况出了问题外，还有可能是孩子的心理出现异常。此时，父母应该及时加以疏导，必要时寻找专业的帮助保护孩子的心理健康。

父母越细心，也越容易从孩子言行的细枝末节中洞察孩子的心理，从而找到问题所在，及时调整自己的教育方式并对孩子进行心理疏导，避免给孩子一生带来坏的影响。

尊重

根据马斯洛的需要层次理论，受尊重的需要是人类较高层次的需要。一旦这种需要无法获得满足，人就会产生沮丧、失落等负面情绪。

孩子也是如此，他们也有受尊重的需要。父母首先应做到凡事多与孩子商量，不要罔顾孩子的需求，自作主张，尤其是跟孩子有关的事情。如

果父母喜欢和孩子商量，孩子就会非常乐意与父母交流，这样的孩子往往责任感、自尊心和自信心强，理解和解决问题的能力也强，整个家庭氛围也会非常和谐、民主。

相反，父母不和孩子商量，喜欢自作主张，常常会扼杀孩子的独立性，孩子还容易产生逆反心理，封闭自我。

正确表扬

每个人都希望被表扬，而不喜欢被批评，孩子更是如此。孩子其实是很在意父母对他的评价的，如果父母经常表扬孩子，那么孩子就会为了维护这个荣誉，努力让自己变得越来越好。

表扬也是有技巧的。父母不能因为今天自己心情好，看到孩子今天很听话，于是张嘴就来一句："你好乖！"孩子刚开始可能会因为这句无来由的夸奖感到开心，可是这样的表扬次数多了之后，孩子就会觉得，爸爸妈妈的夸奖太"廉价"，不值得自己开心了。

表扬孩子要注意避免无来由的表扬。只有当孩子真正做了什么事情的时候，才对他进行表扬。比如说，孩子今天主动帮妈妈擦了桌子，妈妈可以夸奖他："谢谢你帮妈妈擦桌子，妈妈很开心。"这个时候对孩子进行表扬，会比孩子什么事都不做得到的表扬，更让孩子感觉开心。

正确表达爱

表达爱其实不难，三个关键动作：微笑、拥抱和亲吻。平时经常对孩子微笑，说话时平视孩子的眼神，每天给孩子一个拥抱，离家或者回家时亲吻孩子，晚上和孩子一起读书、讲故事……这些都是在用爱拉近与孩子的距离。

注意，任何时候都不要带着情绪和孩子说话。承担育儿责任，意味着你接受孩子可爱乖巧的同时，也要接受孩子所有的不完美。父母应允许孩子失败，允许孩子犯错，允许孩子哭闹，允许他有自己的思想，允许他有自己的空间，出现困难，要和孩子一起面对、一起解决。

给孩子更多的陪伴

孩子的世界很简单，他们需要的是陪伴，甚至可以说陪伴胜过任何金钱物质。生活中我们经常会看到很多家庭，白天爸爸妈妈上班赚钱，由爷爷奶奶在家照看孩子，爸爸妈妈每天只有在下班回家的那段时间能和孩子待在一起，有时候父母还会因为自己的事情而不能陪孩子尽兴地玩。这样就会导致孩子很依赖爸爸妈妈，他们有时的哭闹和不听话只是想引起父母对他们的关注，想要父母多爱他们一些。

解决的方法其实很简单，就是多用心陪孩子，多关心孩子，多爱孩子，一家人多一些在一起的时间。建议父母参与到孩子的游戏中去，而不仅仅是看着孩子玩，这样孩子会表现得更积极，玩得更投入，父母和孩子也一定会在欢声笑语中度过快乐的亲子时光。

如果实在抽不开身，没有更多的时间陪孩子，父母也应该和孩子约定属于你们的私人时间。比如，如果爸爸在外出差，可以提前跟孩子约定晚上睡觉前和孩子通电话、视频，以此保证陪伴孩子更多的时间。

父母不可不知的心理教育误区

教育上的错误,对孩子的影响很可能是终生的。好的父母,不是在孩子的心理出现问题之后慨叹"悔之晚矣",而是要在教育之初就阻断孩子走向歧途的通道。

随意行使否决权

心理专家认为,孩子特别希望得到父母的支持和理解,如果父母总是轻易地否定和批评孩子的观点和行为,对他们的能力表示怀疑,孩子就会失去积极的动力,不是努力变得更好,而是遇事就不负责地退缩,这是非常可怕的。他们会因此变得越来越不起眼,表现也越来越差。

父母应该给孩子更多行动和说话的自由。

当孩子自己尝试某一件事或取得成功时,父母应该在第一时间给予孩子正面的、中肯的评价,这样会让孩子受到激励,保持积极进取的心态。对于孩子的缺点和错误,父母不宜大肆渲染,否则会产生负面效应。

不过,在是非原则问题上,父母必须明确地表明自己的立场和观点,引导孩子认可。孩子能服从,也是因为他自己思考了父母的意见之后,认为是正确的而愿意服从。反之,如果非常苛刻地强求孩子服从,即使父母说的是真理,结果也往往是坏的。

不要捂上孩子的嘴巴,而要给孩子说话的权利。父母越是尊重孩子,遇到一些大事,孩子才会主动思考,会更"听话"。平等、尊重、沟通、理解、倾听、建议,你会在孩子身上看到更多令人鼓舞的情形。

一味溺爱孩子

孩子的任性，虽不排除遗传因素和精神类型的影响，但后天的环境和教育却是主要影响因素。在溺爱孩子的家庭中，事无巨细，父母都要为孩子代劳，结果养成了孩子任性的性格。他们心中只有自己，觉得自己是家庭的重心，是"小皇帝""小公主"，想要什么就要什么，稍不如意就撒娇、闹脾气，不仅让父母大感头疼，对孩子的身心健康也毫无益处。溺爱发展到最后，会导致孩子出现依赖、自卑和任性心理，孩子对外界缺乏理智的判断，一切都以自己为中心。而且，这类孩子往往情绪不佳、脾气暴躁。

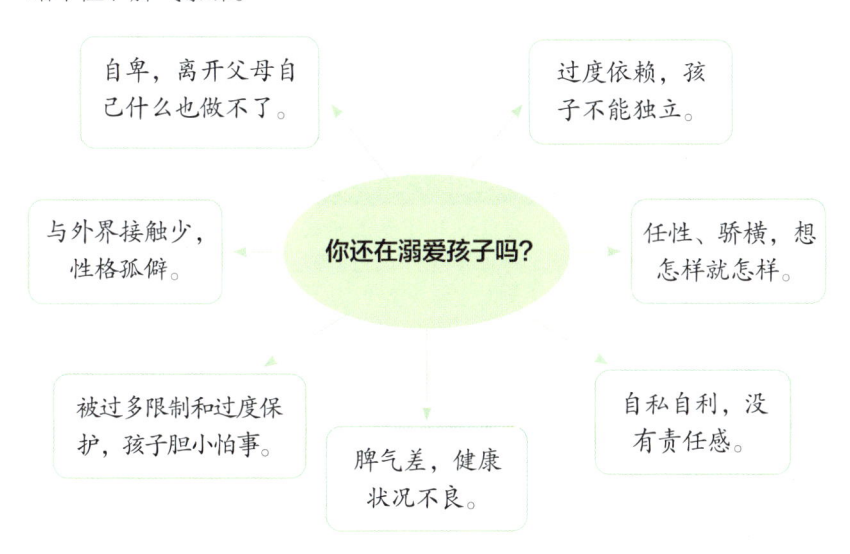

你还在溺爱孩子吗？

- 自卑，离开父母自己什么也做不了。
- 过度依赖，孩子不能独立。
- 与外界接触少，性格孤僻。
- 任性、骄横，想怎样就怎样。
- 被过多限制和过度保护，孩子胆小怕事。
- 脾气差，健康状况不良。
- 自私自利，没有责任感。

其实，很多父母都知道溺爱孩子是不对的，但在教育孩子的过程中，往往分不清关爱与溺爱的界限，不清楚自己对孩子是否存在溺爱。这就需要父母正确地把握爱的限度了。

父母对孩子的爱一定要遵从适度的原则，既不能过分宠溺，也不能完全放任不管。

爱是孩子成长的必要养料，但是施用不当，也会产生反作用。这一点父母一定要牢记。

习惯用物质"贿赂"孩子

"宝贝在幼儿园不哭的话,就送你一辆玩具小汽车。"

"自己把玩具收好了,就可以吃两颗糖果。"

"下次大考能进年级前10名,就带你去迪士尼游乐园玩。"

……

现在的家长教育孩子大多提倡爱的教育,多赞美、少责骂,用劝说、奖励、鼓励等教育方式取代"棍棒"教育,习惯用物质或金钱奖励孩子。考试成绩好多给零花钱,乖乖听话就买零食和玩具,家长觉得省心又管用,孩子也觉得开心。可是这真的适合孩子吗?奖励在孩子的成长过程中具有重要意义,但也要小心"奖励"变"贿赂",让孩子"上瘾"就不好了。

无节制的物质奖励对孩子的伤害有多大?

孩子做事缺乏主动性	易让孩子变得虚荣	家长失去主动权
总是依靠外部奖励来获得行动的动力,会阻碍孩子养成主动做事的习惯	容易让孩子养成错误的世界观,认为金钱至上、物质至上	孩子可能会利用负面行为来达到目的,家长会因此失去主动权

心理学家表示,如果要改变孩子的一些不良行为,或是想要帮助孩子建立一些良好的习惯,这个时候采用一些物质奖励是有效的,可以对孩子的行为起到良性刺激作用。但是,如果把这种物质奖励泛滥用于各个方面,孩子慢慢就会养成一种"没奖励就不做"的坏习惯。因此,对孩子进行物质奖励一定要掌握分寸。

家长应让孩子做一些力所能及的事情,比如,孩子到了三四岁的年龄段,能够听懂指令去做事情了,玩具就要自己收拾,哪里拿的放回哪里。这是孩子必须养成的良好的行为习惯。

那么,作为父母,如何才能拿捏好奖励的分寸呢?不想掉入"贿赂"孩子的陷阱,又该如何给孩子恰当的奖励呢?父母可以把物质或金钱奖励换成一个亲吻或拥抱,一次全家出游,甚至是"一次犯错不被批评的机会"这样非物质性的奖励。如用物质奖励,也应以奖励孩子需要的用品为主，如一本好书。

除此之外，儿童自律奖励能达到较好的效果，它以互动游戏的方式鼓励孩子遵守规则，激起孩子的斗志。类似于下图，孩子每完成一项任务（可以定期变动，保证多样化），就奖励一朵小红花或一颗星星。如果孩子一个星期能集满一定量的星星或小红花，就能在周末选择自己喜欢的活动，如去游乐园。

我的生活表
×××

早上/上午要做的事	星期一	星期二	星期三	星期四	星期五	星期六	星期日
按时起床							
自己穿衣服							
和家人问好							
自己吃早餐							
按时上学							

中午/下午要做的事	星期一	星期二	星期三	星期四	星期五	星期六	星期日
自己吃午饭							
睡午觉							
练习写字/画画							
听老师的话							
和小伙伴玩耍							

晚上要做的事	星期一	星期二	星期三	星期四	星期五	星期六	星期日
自己吃晚饭							
完成作业							
户外散步							
和爸妈分享							
按时睡觉							

唠叨

在孩子身心发育的阶段,有些事情会特别容易激发孩子的不良心理反应,唠叨就是其中较为常见的一种。在父母的反复唠叨中,孩子会选择保持沉默,或因极度不耐烦而反抗,或变得越来越孤僻,或和父母一样,慢慢也变得唠叨起来。

父母对孩子的爱是毋庸置疑的,他们一心为孩子着想,凡事喜欢为孩子安排妥帖。当孩子犯了错,他们习惯反复劝说,甚至喜欢翻旧账,把此前孩子做错的许多事情都拿出来唠叨不停,结果让孩子产生了抵触心理。这是因为听多了重复单调的话,孩子首先会产生心理疲惫感,进而产生厌倦逆反感,接着就是满不在乎。唠叨的正面效果微乎其微,而负面效果却可能成倍增长。

爱唠叨的父母还面临着一个重要的问题:他们不知道怎样和孩子进行有效的沟通。他们往往沉浸于表达自我感受,却忽略了孩子的感受。比如,看到孩子作业没做完就去看动画片,父母就会反复对孩子说"还不快去做作业",其实呢,孩子早就说过,"看完这集后就会去做作业",但因为父母不停地唠叨,孩子就可能生出厌烦心理,甚至故意不做作业。

其实孩子犯一些错误是正常的,他们总是在不断犯错的过程中成长。对于孩子犯的错,父母应当一事一议,不宜唠叨。

对孩子许下"空头支票"

日常生活中,很多父母都会或多或少地给孩子许下这样或那样的承诺。孩子可能当时很高兴,为了这个承诺遵守规则或听父母的话,但不久他就会发现,父母没有或很少遵守诺言。久而久之,孩子对父母这样的做法习以为常,也就有样学样,不会去遵守自己许下的承诺了。

很多时候,父母为了达到自己的目的,随口哄哄孩子,对孩子做出承诺,希望能为孩子的行为增添动力。然而,当这种随意的许诺不能实现时,父母不是正面去解释或承认自己的不当之处,而是为自己的不守信用寻找各种理由。这样做的结果就是,孩子感到失望、委屈的同时,以后也会为自己寻找各种借口,撒谎,甚至逃避责任。

父母要牢记:

对孩子必须言而有信、以诚相待。尽量不要用许诺来刺激孩子,一旦许诺就要做到。

这样,孩子才会对父母产生充分的信任感,也才愿意跟父母沟通。父母是孩子的镜子,也是孩子的模仿对象,只有诚实守信的父母,才能在孩子心中树立榜样,避免孩子养成说谎的习惯。

如果父母因为某些不可抗力的因素影响了诺言的兑现,应主动、诚恳地向孩子道歉,并把原因跟孩子讲清楚,以取得孩子的理解和原谅,并在以后的生活中寻找机会兑现自己没有实现的诺言。可能有些父母会碰到孩子暂时无法谅解的情况,即使这样,父母也不能用呵斥、教训的方式对待孩子,而是应该允许孩子发牢骚、表达不满。一般来说,这些行为都是暂时的,不会埋下隐患。

> 对不起,宝贝,上次妈妈答应带你去游乐园玩,但因为出差没有去成。明天周末,咱们全家人一起去吧!

"棍棒"教育

中国自古对孩子的教育就奉行着"棍棒底下出孝子"的理念,即所谓的"棍棒"教育。"棍棒"教育包含了父母对孩子的爱与恨、期望与失望、悔与怨等多种复杂情感,而形式上也并不局限于"棍棒",打、骂、讽刺、挖苦等都可以归结为"棍棒"教育。

实际上,这是非常不明智的做法。"棍棒"教育并不是教育孩子的灵丹妙药。很多父母只看到了"打一顿"之后的表面效果,却忽视了这种教育带给孩子一生的巨大负面影响。经常挨打的孩子,很容易产生不良心态和心理偏差,比如性格怯弱、胆小怕事、怨恨、逆反、畏惧、自卑、逃避、无助、粗暴、说谎等。

教育孩子,父母应给予孩子成长期必需的"阳光"和"雨露",而不是"拳打脚踢"。孩子的成长是一个漫长的过程,孩子的教育是一场马拉松式的长跑,其间,有很多更有效、更民主的教育方式,比如"赏识教育",通过欣赏孩子、表扬孩子的方式,来激励孩子变得更好。当孩子"不听话"时,父母最好先反问自己:让孩子"听"的"话"有什么问题,是不是自己一厢情愿。另外,当孩子出现某些不良行为时,应从孩子长远发展的角度考虑,循循善诱地引导,加上对孩子行为的强化训练,就一定能使孩子于点滴之中将正确的思想和行为转化为自身的习惯。如此,孩子将获得嵌于心灵深处的感悟,而非皮肉之苦带来的消极被动的警醒。

对孩子期望过高

期望,是指为孩子定下标准,并以此来衡量他们的行为。父母对孩子有高的期望是无可厚非的,但如果对孩子设置过高的期望与要求,且没有考虑到孩子的实际条件及其本身愿望,那么孩子很容易丧失积极性,这个期望也将很难实现。当孩子不能实现目标时,父母就会失望,孩子也会因为不能达到父母的要求而自惭形秽,对自己的能力感到怀疑,丧失自信心。

解决这个冲突的方法就是既要对孩子有高的期望,也要考虑孩子的实际情况。比如,如果孩子的基础较差,父母就不要一味地去鼓励孩子并要求他考上一流的学校,孩子觉得自己离这个目标太远,就会丧失自信,产生自卑感。父母可根据具体情况,要求孩子在毕业考试中拿到合格的成绩。孩子觉得这个目标不是太远,就会努力去实现。这在一定的范围内会成为一种刺激的动因,促使孩子努力去弥补自己的不足。同时,作为父母,还要帮助孩子寻找别的长处,多鼓励孩子,表明他并不是时时都比别人差,处处都不如别人。孩子一旦摆脱了家长的过高要求,又看到了自己在某些方面还有希望,便会重树信心,求取进步。

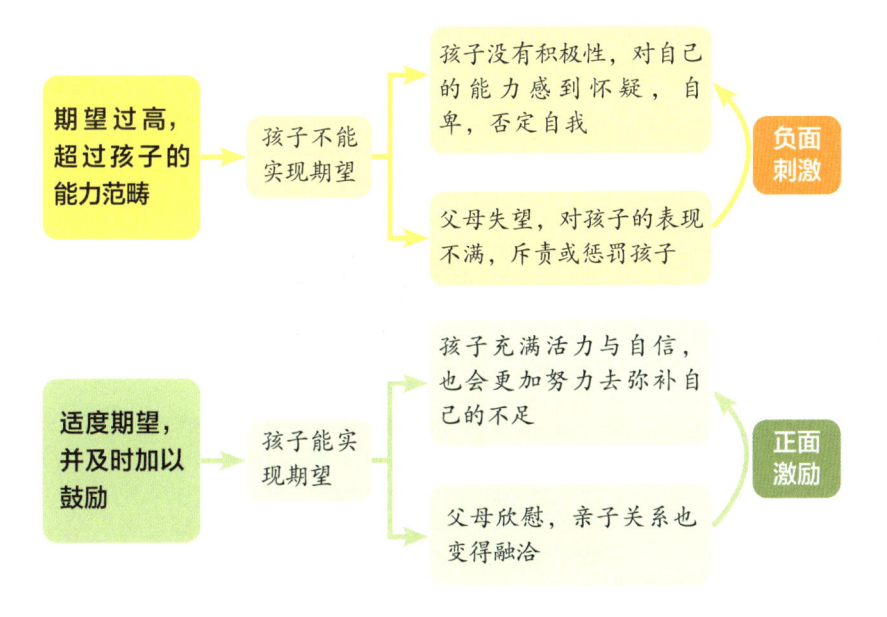

期望过高,超过孩子的能力范畴	→	孩子不能实现期望	→	孩子没有积极性,对自己的能力感到怀疑,自卑,否定自我	→	负面刺激
			→	父母失望,对孩子的表现不满,斥责或惩罚孩子	→	

适度期望,并及时加以鼓励	→	孩子能实现期望	→	孩子充满活力与自信,也会更加努力去弥补自己的不足	→	正面激励
			→	父母欣慰,亲子关系也变得融洽	→	

专制与占有欲

有很多父母,他们可以为孩子付出自己的一切,唯独不能交出自己对子女的占有权和控制权。在他们的眼中,孩子是自己的"所属品",孩子的一切自己都要知晓,认为这样才能给孩子更好的人生建议,孩子未来的道路才会更顺畅。

虽然在父母的眼中,这就是"爱",但却是在打着爱的幌子,把孩子当作自己的私有财产。所以,很多家长都会有这样的情况:即使平时对孩子宠爱有加,一旦孩子"不听话""顶嘴",伤及自己的权威,便会生气;一旦孩子的表现不能让自己满意,便会备感伤心,恨铁不成钢。

这种专制和占有欲,其实对孩子的发展很不利。父母的专制和占有欲,在客观上刺激了孩子的自私。父母怎么对待他们,他们就会怎么对待别人。他们会觉得自己的自私是理所当然的,对别人受到的伤害也根本不会放在心上。从另一个角度来说,孩子做任何事情都会受到父母的束缚,渐渐地孩子会变得没有主见,丧失个性。

父母对孩子的爱无可厚非,但一定要学会适时放手。专制和占有欲会束缚孩子的手脚。父母应学会尊重孩子,把孩子当作家庭中一个平等的成员,跟孩子有关的事情要多问孩子的想法,要学会与孩子分享彼此的一切,同时要学会控制自己的情感和情绪。父母如果情绪失控,势必会影响孩子的情绪,很容易导致家庭教育走向失败,孩子的心理也会出现障碍。

父母总吵架

心理学家鲍文曾经提出一个重要的三角理论：当一个二人系统遇到问题时，就会自然地把第三者扯入他们的系统中，以减轻二人间的情绪冲击。因此，父母感情不和，孩子常会被动地卷入战争，形成一种三角关系。

在这种关系中，孩子不是控制者就是牺牲者。孩子利用父母不和的关系成为控制者，这会让孩子自私化；父母不和导致孩子消极、自卑，甚至绝望，孩子成为被动牺牲者。这些都会给孩子幼小的心灵留下深刻的影响，对孩子性格的形成与发展，以及心理的发育，都有很大的危害。

要想孩子身心健康发展，父母必须维护良好的家庭氛围，从相互指责、怨恨中解脱出来。即使父母之间产生矛盾，也尽量不要在孩子面前表现出来，更不应该因此指责孩子。很多时候，孩子会把父母吵架的原因归咎于自身，认为是自己做错事或是表现不好，才导致了父母吵架。长期生活在内疚和罪恶感中，孩子容易形成自卑心理，而且容易自闭。另外，孩子内心充满惶恐和无奈，担心自己会成为出气筒，同时也担心自己表现不好会加剧父母的矛盾，有可能形成双重人格等畸形人格。

为了孩子，也为了自己，父母都应用心经营自己的家庭，多关心孩子，给孩子一个温暖的家，使孩子的未来充满希望。

家庭冷暴力

冷暴力是暴力的一种，其表现形式多为冷淡、轻视、放任、疏远、漠不关心等，冷暴力可致使他人精神和心理受到侵犯和伤害。如果父母常对孩子使用冷暴力，势必会影响孩子的身心健康发育。家庭中，父母常对孩子使用的冷暴力有以下几种。

孩子没有达到父母的要求，对孩子冷眼相向

有些父母总以自己的想法来要求孩子，一旦孩子达不到自己的要求，便对孩子冷眼相向，不理不睬。孩子受到父母情绪的影响，在学校里，会出现对同学不友好，甚至顶撞老师等行为。

父母感情失和，爆发冷战

有些父母感情失和，爆发冷战，孩子往往会成为冷暴力的受害者。特别是单亲家庭，父母的消极情绪会对孩子产生很不好的影响。父母会疏于与孩子的亲情沟通，有的父母甚至会因为感情的失败而自暴自弃，酗酒赌博，夜不归宿，即使回家也不怎么和孩子说话，甚至会用"别来烦我"来打发孩子，家庭冷暴力非常明显。有的孩子还可能因此产生自我封闭，甚至因为压力大走上轻生的道路。

父母正在生气，不搭理孩子

现实中有很多父母，自己遇到不顺心的事或者因孩子做的事而生气的时候，就在一旁生闷气，余怒未消的时候也会不搭理孩子，对孩子的亲近和问题视而不见，以示对孩子的惩罚。但孩子还小，无法了解父母生气的原因，也意识不到父母生气的原因可能跟自己的错误行为有关，不会有效反思自己的错误，他们只会觉得父母不喜欢自己。长此以往，就会影响孩子健康心理的发展。

父母正在忙，对孩子的需求置之不理

有些父母在比较忙的时候，或是正在全心全意做自己的事情时，就会把孩子的需要当成对自己的打扰。这时，很多父母往往选择对孩子不

耐烦，或是故意装作孩子不存在。孩子感觉到父母的忽视，可能会采取黏人、淘气或破坏性行为来吸引父母的注意，或是直接与父母远离。

父母表面与孩子玩耍，其实心不在焉

现在很多父母在陪伴孩子的时候都是这种状态：看着电视或低头玩着手机，看起来在陪伴孩子，实际上是心不在焉地敷衍孩子。这样的行为不仅会疏远亲子关系，还会在无形中影响孩子，导致孩子效仿这种与人相处的行为模式，从而形成不良的社交习惯，甚至在长大后会用这种模式对待自己的孩子和家人。

心理学家认为，在家庭教育中，冷暴力是非常可怕的行为，其危害主要有三：

1
长期遭受冷暴力的孩子容易产生孤僻性格，不愿和别人交流，心理不能健康地发展。

2
孩子会在潜移默化中变得很冷漠，对他人漠不关心，甚至有可能成为冷暴力这个"接力棒"的传递者。

3
这些孩子长大后，在处理自己家庭问题时也可能出现相应障碍。

所以，在亲子教育中，父母一定要避免对孩子使用冷暴力。

杜绝冷暴力的方法就是良好的亲子沟通。只有建立良好的亲子沟通，父母才能更好地引导孩子。父母也应对自己提出更高的要求，要学会控制自己的情绪，在教育孩子上要更有耐心、更讲究方法，阳光、积极、正面、专注地陪伴和引导孩子。

孩子的想法，
可能和父母的完全不同。
面对孩子的怪行为，
你是否心存疑惑？
跟随本章，
读懂孩子的行为模式，让你的
疑惑迎刃而解！

孩子反复扔东西

孩子认生

孩子爱说狠话

第2章

走进"小宇宙":
读懂孩子的行为模式

哭声，
孩子从出生就有的特殊语言

随着一声响亮的啼哭，一个小生命平安降临。自此，宝宝便开始用啼哭的方式向爸爸妈妈表达自己的各种需求，哭声也就成了一种特殊语言。

哭声抑扬顿挫——宝宝在做运动

由于语言系统的发育不完全，宝宝只能用哭声跟爸爸妈妈交流，但很多父母，尤其是新手爸妈并不能理解宝宝哭声背后所表达的真正含义。其实，不同的哭声是宝宝不同需求的表现。

也许很多父母并不知道，有时宝宝很高兴，也会啼哭。这种哭声属于生理性啼哭，父母可以将此视为宝宝的一项特殊运动，对他的身体健康十分有益。

啼哭能促进宝宝神经系统的发育，使他形成条件反射，提高智力。

啼哭能增加宝宝肺部的活动量，使他吸进更多的氧气，排出体内的二氧化碳。

啼哭可以增进宝宝的食欲，能增强其胃肠的消化和吸收能力。

啼哭可以加速宝宝血液循环，有利于身体的新陈代谢，从而促进生长发育。

需要提醒父母注意的是，这里的啼哭指的是生理性啼哭，而有些啼哭则是宝宝不舒服的表现。所以，还需要父母明确辨别哪种哭属于生理性啼哭，有哪些特征？又该如何应对呢？

生理性啼哭的表现

宝宝的哭声响亮并且抑扬顿挫，伴有节奏感，只是啼哭却没有眼泪。不会因为啼哭而影响进食，宝宝的睡眠、玩耍及精神状态都很好。通常啼哭的时间较短，一天能哭好几次。

家长的应对措施

当父母确定宝宝是生理性啼哭以后，一般不需要进行太多的干预，可用慈爱的目光注视着宝宝做运动。不过，宝宝生理性啼哭的时间也不宜过长。当父母感觉已经达到锻炼的目的时，可以轻轻地抚触宝宝，或者对他微笑，把宝宝的小手放在腹部轻轻摇晃几下，安抚他停止啼哭。

温馨提示

父母一定要确认宝宝是生理性啼哭，才可以远远地看着，如果观察到宝宝有不舒服的表现，务必给予宝宝安抚，或者及时就医，以防宝宝越哭越厉害。

陌生人一抱就哭——宝宝开始认生

认生几乎是每个宝宝都会经历的阶段，一般宝宝长到6～8个月就会认生了，也有些宝宝在5个多月的时候就开始认生。

宝宝6个月以后，开始逐渐进入依恋期，他会开始和某些印象深刻的人建立起依恋关系，大多数情况下，这些人是爸爸、妈妈或者照顾他起居的人。当宝宝意识到熟悉的人不在身边时，他会呼唤，而且此时的宝宝已经能够通过长相、声音等特征把他们的依恋对象区分出来，所以当有陌生人靠近他时，宝宝就开启了人生的第一次情感危机。

认生期是宝宝情感发展的一个重要时期，作为父母要认真对待并谨慎处理，帮助他顺利度过认生期。

接受宝宝的认生

父母要端正自己的态度，认生是宝宝成长的必经阶段，不要盲目责怪或者发脾气，否则宝宝会认为父母生气是因为陌生人，而更不容易接受陌生人。

增加宝宝外出的机会

多带宝宝去他熟悉的公共场所走走，可以减少宝宝见到陌生人的焦虑。如果宝宝到了两三岁时仍然认生，父母不要当面指出他的缺点，要多加引导和鼓励，帮助宝宝尽快度过认生期。

尝试带宝宝与陌生人接触

日常照顾宝宝时，不要固定一个人，其他家庭成员也要参与，让宝宝有与不同的人快乐交往的经验。然后再尝试带宝宝去接触其他人，如果他表现出不喜欢，父母要立刻安抚他的情绪。

注意迎合宝宝的心理

父母可以提醒陌生人在抱宝宝之前先逗逗他，跟他玩，慢慢消除宝宝的陌生感，等熟悉之后再抱他。

一旦和妈妈分开就号啕大哭——分离焦虑

随着宝宝的长大，他能够清楚地意识到自我的存在，但此时仍然处于"母婴共生"阶段，认为自己和妈妈是一起的，当与妈妈分开后，宝宝就会没有安全感，分离焦虑也就随之产生。

一般在1岁以前，宝宝就会有分离焦虑，并在1~3岁达到顶峰。分离焦虑与认生一样，都属于成长中的正常现象，但太大的情绪波动，不利于宝宝的健康成长。如果妈妈学会以下育儿方法，就能有效减轻宝宝的分离焦虑。

建立分离缓冲期

如果妈妈要离开宝宝，千万不要突然消失，而是要与其商量，建立好分离缓冲期。妈妈要将自己离开的理由、时间、接替照看的人员等信息告诉宝宝，让宝宝明白妈妈只是暂时离开。告知的过程，就是缓冲宝宝情感波动的过程，能有效缓解宝宝的分离焦虑。

需要提醒妈妈们注意的是，在与宝宝分离时，不要流露出难舍难分的神态，否则宝宝会察觉到妈妈对自己的依恋，更容易闹情绪。

增强宝宝内心的安全感

发展心理学认为，0~2岁的宝宝在基本需求被及时满足和细心的照顾下，才会对周围的世界产生信任感。所以，父母要抓住此阶段，为宝宝建立并巩固其安全感。

为了让宝宝能够度过分离焦虑期，以积极的心态面对环境，父母要尽可能给予他贴心的照顾，不仅要满足其生理需求，还要多陪宝宝玩耍，多鼓励、夸奖他。这样宝宝会比较乐观，信任妈妈，信任周围的人，也会有足够的心理承受能力去面对分离。

跌倒后，越哄哭得越厉害——紧张害怕性啼哭

有些家长在看到宝宝跌倒后会立刻搀扶，甚至会一边心疼宝宝一边咒骂那块地，其实这种做法是不可取的。

宝宝蹒跚学步难免会跌倒、摔跤，对于他自己本身来说并不是多么害怕的事情，甚至会觉得好玩，而且有关心理学资料表明，孩子越小，对于痛刺激的敏感度就越低，所以宝宝跌倒后的疼痛感，远比成人认为的轻得多，那宝宝为什么会越哄哭得越厉害呢？真正的原因是家长流露出来的紧张、担心的情绪传递给了他，从而使他产生恐惧、紧张、委屈等心理而哇哇大哭。其实，宝宝跌倒后，父母可以参考以下做法：

- 当宝宝跌倒时，父母不要急于上去搀扶，而是要观察情况，如果宝宝很快站起来，则说明并无大碍，如果宝宝不站起来也没有哭，父母可以装作若无其事的样子，鼓励他自己站起来。这样宝宝既不会因恐惧而啼哭，也不会养成依赖心理。

- 如果宝宝一不小心摔疼了，父母也不要过于惊慌，应先检查其伤势，若伤得较重应立即就医，如果不严重，可以让宝宝趴在自己怀里哭一会儿，接受他天性的流露，不要批评或嘲笑，适当地哭泣可以释放其内心的压力和不快。

- 为了不让宝宝在同一个地方跌倒两次，事后的经验总结也是很有必要的，父母要引导宝宝学会寻找保护自己的方法。如果是因为不小心碰到桌椅而摔倒，父母就要告诉他绕过桌椅就能不摔跤，宝宝就会知道调整自己的走路方法和姿势，从而避免跌倒。

温馨提示

孩子跌倒后，父母可以通过观察其精神状态，有无昏迷、恶心、呕吐等表现，四肢活动是否正常，有无出血等症状，及时判断其伤势，以免延误救治。

吃奶哭闹，伴随流口涎——鹅口疮

吃奶对于宝宝来说应该是件享受的事情，但宝宝最近突然就不爱吃奶了，嘴巴一碰到乳头就推开，还哭闹，口水也比之前流得多，这是为什么呢？

很多新手爸妈面对宝宝的此种表现会有些不知所措，当宝宝吃奶哭闹，还伴随流涎症状时，首先应检查其口腔，如果宝宝口腔黏膜表面覆盖白色乳凝块样小点或小片状物，则表明已经患上了鹅口疮。此种白色斑膜与口腔内残留奶液形成的奶块不同，不仅不易擦去，还会融合成片，如果不及时治疗，很可能引起宝宝低热、拒食、吞咽困难等，所以当宝宝吃奶哭闹时，父母应细心观察，看宝宝是否患上了鹅口疮。

鹅口疮的发病与妈妈乳头的清洁、宝宝口腔的清洁、宝宝自身的抵抗力等都有关系，为了避免宝宝受到疾病的侵袭，父母要做好预防工作。

具体做法

1. 新生儿的鹅口疮大部分是因分娩时接触到妈妈阴道附近的念珠菌而造成的感染，所以备孕女性如果患有白色念珠菌阴道炎，应及时治疗。
2. 定期对宝宝进食时所用的奶瓶、奶嘴消毒，并保持干燥。
3. 宝宝可能会亲密接触的被褥、玩具等定期清洗，以减少细菌滋生。
4. 多带宝宝进行一些户外活动，以增强其身体抵抗力。
5. 研究表明，鹅口疮的感染与盲目使用抗生素有关，因此，父母不要轻易给宝宝使用抗生素类药物。
6. 妈妈哺乳前要清洗双手及乳头，如果妈妈患有手足癣，更应注意避免双手接触乳头或喂奶用具，必要时可以停止哺乳。
7. 宝宝吃完奶后，妈妈可以给宝宝喂些温开水，既能冲去留在口腔内的奶汁，也具有清洁口腔的作用。

排尿时痛哭——尿布疹、尿路感染

有一些孩子在尿尿时特别容易哭闹，尿完之后就不哭了，这是为什么呢？孩子的这种痛哭是生理性的还是病理性的呢？

孩子在尿尿时哭闹，有时是想用啼哭来缓解排尿时的紧张感，因为他还没有掌握控制自己大小便的能力，不懂得如何面对强烈的尿意；有时是因为不习惯把尿，因为孩子已经习惯了想尿就尿的"自由感"，如果父母把尿，会让他感到不舒服，便用哭声来表示对抗。当然还有一种原因也会让孩子在排尿时哭闹，就是他可能患上了尿布疹或者尿路感染。

可能患有尿布疹

尿布疹，顾名思义，是指尿布包裹处皮肤上起的皮疹，也就是我们常说的"红屁股""尿布皮炎"。每个孩子在婴儿期都可能患尿布疹，尿布疹会导致孩子疼痛等不适，从而导致孩子在排尿时哭闹。刺激、闷热、感染、过敏等都可能导致孩子患上尿布疹，为了让孩子减轻痛苦，父母要根据原因对症采取措施。首先用流动的温水冲洗宝宝屁股；然后用柔软的棉布或纱布轻轻拍干水分，保持孩子的臀部干爽；接着涂抹一层橄榄油或者茶油，避免尿便直接刺激皮肤，再涂抹一层护臀霜；最后为孩子穿好纸尿裤。

可能患有尿路感染

小儿尿路感染是指病原体直接侵入尿路，在尿液中生长繁殖，并侵犯尿路黏膜或组织而引起的损伤，包括肾盂肾炎、膀胱炎和尿道炎。因为孩子经常使用尿布或者穿开裆裤到处乱坐，而导致细菌进入体内，加之免疫力较差，所以容易感染。尿路感染的主要症状有哭闹、尿频、突发高热等，父母要多加留意，必要时及时就医。

夜间哭闹易醒，伴随多汗和烦躁等——佝偻病

如果家里有个"夜哭郎"，而且睡觉时容易惊醒、出汗、烦躁等，父母要警惕佝偻病的出现。

佝偻病是体内维生素D不足，引起钙、磷代谢紊乱而产生的疾病，2岁以内（尤其是3~18个月）的婴幼儿是高发人群。佝偻病的症状表现除了多汗、好哭、睡眠不好等，严重时还会造成骨骼变形，形成O形腿、X形腿等，所以父母要知晓其中病因，并对症采取措施，让宝宝健康成长。

疾病成因

1. 如果孕妈妈没有在孕期补充足够的维生素D，会造成胎儿尤其是早产儿、双胞胎维生素D贮存不足。
2. 阳光照射不足，导致维生素D合成量降低，也容易患佝偻病。
3. 婴幼儿生长发育速度较快，所需各类营养较多，如果体内贮存不足，又不能从日常食物中摄入足够的维生素D，就会增加患佝偻病的危险。
4. 如果宝宝患有肝炎及腹泻等胃肠道疾病，会影响维生素D的吸收。此外，长期服用抗惊厥药物也会使体内维生素D不足，诱发佝偻病。

防治方法

1. 尽量坚持母乳喂养，母乳中含有丰富的微量元素，且钙磷比例恰当；适时添加辅食，维生素D多存在于动物肝脏和蛋黄中，可重点摄取。
2. 孕妈妈在孕期做好保健，适当补充维生素D；多带宝宝进行户外活动，保证充足的阳光照射，利于维生素D的合成。
3. 不要盲目采取药物制剂进行维生素D的补充，要经过医生的确诊，并严格遵循医嘱服药。

排便时哭闹——便秘、腹泻、腹痛

有不少妈妈发现宝宝总是会在排便时哭闹,而且还很不舒服的样子,这就是宝宝在用哭声告诉妈妈,自己便秘了或者肚子不舒服。

有些妈妈认为宝宝一两天没有排便就是便秘了,其实小儿便秘不以排便时间间隔长短为标准,而是以大便干结、排便费力为依据。引起便秘的主要原因是所吃的食物加工过细、过精,虽然精细制作的食物易于宝宝消化吸收,但食物残渣少,容易导致便秘。此外,如果宝宝摄入的膳食纤维不够,同样也会引起便秘。膳食纤维不足会使大便中的固水物质不足,导致大便干结,所以要想缓解小儿便秘,还需要从喂养方面入手。

月龄较小的宝宝,应坚持母乳喂养,母乳中含有水溶性纤维素——低聚糖。低聚糖在大肠中分解,可增加粪便的水分,预防小儿便秘。

如果是用配方奶粉喂养宝宝,爸爸妈妈要注意冲泡时,奶粉和水的比例要与奶罐上的说明相符,千万不要粉多水少。

如果宝宝长期便秘,会导致其精神不振、乏力、头痛、食欲不振等,严重时还会导致营养不良,进一步加重便秘,所以,父母一定要引起足够的重视,给予宝宝细心的照顾。

- 清晨给宝宝喝一杯白开水,对润肠清肠十分有益,也可以给宝宝喝些蔬菜水、纯果汁,因为这些汤水中含有丰富的维生素、膳食纤维,有助于缓解便秘。
- 每天早上或者晚上,根据宝宝的情况让其定点排便,养成习惯,坚持一段时间建立条件反射就会有效果。
- 增加运动量,多带宝宝到户外活动,一方面可以加速食物的消化,另一方面可以增加肠道蠕动,是辅助治疗便秘很好的方法。

宝宝腹部不舒服，一般分为腹痛和腹泻两种，腹痛通常起病急，进展快，而且宝宝不能用语言很准确地表达，所以父母要通过宝宝的各种表现来寻找原因并做相应处理。

腹痛鉴别一览表

急性阑尾炎	开始时感觉上腹部（胃区）疼痛或肚脐周围疼痛，数小时后才转为右下腹部疼痛	小儿慢性胃炎腹痛	常为反复阵发性腹痛，多无规律，以脐上及脐周痛为主，同时伴有上腹部压痛、厌食、呕吐、泛酸等表现
嵌顿疝性腹痛	宝宝阵发性哭闹、腹痛、腹胀和呕吐，在站立或用力排便时腹股沟内侧出现一肿胀物，或仅表现为一侧阴囊增大。经治疗后还可能反复发病	小儿胃肠生长痛	在一定时间内反复发作，每次疼痛时间较短，以脐周为主，其次是上腹部，腹痛可轻可重
细菌性痢疾腹痛	起病急，可先有发热达39℃甚至更高，大便次数增多，腹泻前常有阵发性腹痛，肠鸣音亢进，但腹胀不明显	习惯性腹痛	常发生在早餐或饭后，没有发热或腹泻，疼痛并不严重，第二天还会是同样的情况
过敏性紫癜腹痛	表现为皮肤紫癜，面积大小不等，表面紫红色，多分布于四肢和臀部，以踝、膝关节处较为明显	急性肠系膜淋巴结炎	往往先发热后腹痛，腹绞痛的部位可能是弥漫性的，或因发炎的淋巴结位置而有不同，但以右下腹多见

腹泻是小儿常见病之一，分为感染性和非感染性。需要注意的是，母乳中的低聚糖具有"轻泻"作用，不属于腹泻范畴，父母要加以区分。

当宝宝发生腹泻时，父母不要盲目止泻，否则毒素、代谢物滞留于肠内，被吸收后会对身体造成严重损伤。腹泻会导致宝宝体内大量水和电解质的流失，为避免出现脱水，父母要及时给宝宝补水，同时还要注意清洁宝宝的臀部，以免发生尿布疹。

傍晚大哭,伴随惊声尖叫——新生儿肠绞痛

> 壮壮醒来已经是傍晚了,妈妈给他换了尿布,然后开始喂奶,还没喝几口,壮壮就开始哭闹起来,妈妈用尽各种办法,都没能让他停止哭闹,他的哭声反而越来越大,还带着尖叫,小脸通红,小拳头攥得紧紧的。妈妈赶快带他去了医院,到了之后壮壮却像没事儿人一样,医生也没检查出异常情况,就说是肠绞痛。

肠绞痛主要是由婴儿肠壁平滑肌强烈收缩或肠胀气造成的疼痛,是小儿急性腹痛中较为常见的一种,不是疾病,而是一种"症候群"。除了疼痛,发病时还会伴有易激动、兴奋、烦躁不安等症状。肠绞痛多发生在出生3个月以内的婴儿身上,尤其是新生儿,发作时间大多在傍晚某个固定的时间段内,少数宝宝在白天或晚上的时候也会哭闹,此种症状会随着神经生理发育的成熟而逐渐得到改善,父母不必过于担心。

宝宝肠绞痛,通常是在多种因素不协调的情况下引起的,原因可以分为以下几种:

- 宝宝吃奶或哭闹时吸入大量空气,空气形成气泡在肠内移动而导致腹痛。
- 进食奶量过多,导致宝宝胃部过度扩张而引起不适。
- 对牛奶、奶粉过敏,诱发肠绞痛。
- 宝宝对各种刺激的兴奋反应也容易引起肠绞痛。

发生肠绞痛时，宝宝常表现为声嘶力竭地大哭，伴有尖叫、脸色通红、双腿蜷缩等症状，不管父母是拿玩具引逗、轻轻摇晃，还是借助安抚奶嘴，都会显得苍白无力，看着宝宝疼痛的样子，没有哪个妈妈不心疼。哪些做法能够缓解疼痛？如何预防肠绞痛呢？

肠绞痛的缓解方法

将宝宝竖抱，让其头部靠在妈妈的肩上，并从上至下轻轻拍打宝宝的背部，帮他排出体内过多的空气。

用暖水袋热敷宝宝的腹部并轻揉腹部，也可以让宝宝趴在妈妈的膝盖上，按摩其背部。

在宝宝的肚子上涂抹一些消胀气的挥发性药膏，如薄荷油，有助于体内胀气的排出。

当宝宝因肠绞痛而哭闹不安时，父母不要乱发脾气或过于紧张，否则不良的情绪会传递给宝宝，症状会因此而加重。

肠绞痛的预防方法

宝宝的肠道可能会不适应牛奶中的牛奶蛋白，而诱发或加重肠绞痛。所以，建议给宝宝喂食母乳，如果条件不允许，可以喂食低过敏的奶粉。

前奶中的乳糖含量较低，当消化乳糖的酵素不能及时处理过多的乳糖时，就会产生胀气，诱发肠绞痛。因此，妈妈喂奶时，应让宝宝先吮吸完一边的乳房后再换另一边。

如果妈妈的饮食中含有引起过敏的成分，如牛奶、巧克力、咖啡等，乳汁进入宝宝体内后就容易引发肠绞痛。所以，哺乳妈妈要尽量少摄取此类食物。

排除其他胃肠道疾病，如胃食管反流、幽门阻塞等，如果确定没有病理性因素存在，父母只能细心照顾，帮助宝宝度过前3个月的"阵痛期"。

白天能安静入睡，入夜则啼哭不安——小儿夜啼

有很多新手妈妈都会面对宝宝白天睡得好，一到晚上就哭闹不休的问题，甚至会戏称自己家的宝宝属猫头鹰，总是晚上精神。实际上，这是小儿夜啼的表现。

正常情况下，宝宝不会没有缘由地哭闹，如果一直哭个不停，就说明有不舒服的地方。引起小儿夜啼的原因有很多，父母要仔细查找，具体来说，宝宝入夜啼哭不安的原因有以下几点：

环境因素的影响 → 如果宝宝睡觉的房间太吵、太冷、太热、太干燥或衣物包被过多等，都会导致他哭闹不安。父母应尽量营造一个舒适的环境，让宝宝拥有好睡眠。

身体因素的影响 → 宝宝体质娇嫩，各项身体器官还未发育成熟，尤其是胃肠道功能还不完善，很容易出现积食、积热的情况，诱发吐乳、腹胀、腹痛等症状，引起小儿夜啼。

情绪因素的影响 → 有些父母喜欢在宝宝临睡前引逗宝宝，让其情绪处于兴奋状态，或者宝宝睡前受到惊吓，情绪难以平静，都会导致宝宝难以入睡而哭闹。

睡眠时间不得当 → 父母没有帮助宝宝养成睡眠规律，例如早晨太晚起床、午睡时间过长等不得当的睡眠时间安排，会打乱宝宝的生物钟，错过入睡时间，引起宝宝夜啼。

某些疾病的影响 → 感冒、咽喉炎、肺炎、中耳炎、脑膜炎等疾病，都有可能让宝宝睡不安稳，还有一些感染会导致发热，也会影响宝宝的睡眠，导致宝宝夜啼不止。

如果宝宝经常夜啼,就会导致睡眠不足,不仅会影响宝宝的生长发育,还会使其免疫系统受损,进而出现内分泌失调、代谢紊乱、易发胖等问题,所以父母要积极应对宝宝夜啼。

营造良好的睡眠环境

良好的睡眠环境包括为宝宝准备合适的寝具、营造舒适的睡眠空间、避开一系列可能干扰宝宝睡眠的不利因素等,以保证宝宝拥有良好的睡眠,减少夜啼,健康成长。

首先,宝宝的枕头、被褥、床垫等床上用品的选择要以舒适为原则。其中,所选用的枕芯应软硬适中,填充物最好选择天然无毒的物质,如荞麦皮、菊花、茶叶等。枕套应当选用有较好吸水性和透气性的面料,如纯棉、竹纤维、亚麻等。另外,枕头的高度不宜超过4厘米;直接接触宝宝皮肤的床单和被套最好是全棉制品。全棉制品吸汗,透气性好,而且对宝宝皮肤刺激小。被褥的表层布料最好选用浅色,棉胎则应该用干净的棉花或腈纶棉制品。被子不宜过厚、过大,大小应与宝宝的小床相适应;关于宝宝所使用的床垫,不能选太厚的,最好是5~10厘米厚的床垫。太厚会影响透气性,不利于湿气散发,对宝宝健康没有好处;过硬或过软的床垫都不利于宝宝骨骼生长。棕垫就是较好的选择,里硬外软。

其次,营造适宜的室内温度和湿度对宝宝的睡眠非常重要。温度过高,宝宝会烦躁不安;温度过低,宝宝会被冻醒;空气过于干燥,宝宝的鼻腔容易变干堵塞。一般来说,利于宝宝睡眠的卧室温度为20~25℃,湿度为60%~70%。此种环境下,宝宝会睡得更安稳。冬季气温低、空气干燥,可合理选择取暖设备,如空调、地暖等给房间升温,并配合使用加湿器来增加室内湿度,特别是在开了空调或暖气的情况下,一定要打开加湿器增加房间湿度;夏季温度高,可以给宝宝的床铺上合适的凉席或透气的垫子,增加舒适度。一般铺在床上的凉席宜选亚麻和竹纤维的,还可以使用电风扇或空调降温,不过要注意采用正确的使用方法。

再次,要保持安静的睡眠氛围,不过,并不是指"绝对安静"。声音有着神奇的魔力,它能安抚宝宝激动的情绪,使他平静下来。当宝宝表现出坏情绪时,爸爸妈妈可以轻轻吟唱摇篮曲、童谣或播放舒缓的音乐,甚至来一点小噪声,宝宝就会慢慢平静下来,也能有效减少夜啼的发生。

此外,灯光也会影响孩子的睡眠质量,在孩子睡觉时应关闭房间里的灯光,因为光照会影响孩子的生长激素分泌。父母也不要在孩子房间里玩游戏或手机,或者带孩子熬夜。

睡前不要过于兴奋

对于宝宝来说,白天见到各种新奇的事物、不同的人都会刺激他的感官,引起宝宝兴奋。同时,很多时候,白天如果逗宝宝玩或带宝宝外出,宝宝一般也会表现得极其兴奋而不愿意睡觉。宝宝的大脑如果处于兴奋状态,就会表现出入睡困难、睡不安稳、夜间哭闹等,影响睡眠质量。因此,在宝宝入睡前1小时左右,爸爸妈妈应该让其安静下来,不要过度兴奋。

合理安排白天的睡眠

宝宝的大脑和身体发育速度快,但也容易疲劳,白天规律的小睡能帮助宝宝获得充足的睡眠。小睡并非意味着宝宝夜间的睡眠和白天的清醒时间被挤占。夜间的睡眠、白天的小睡和清醒各有各的作用,缺一不可。父母要有意识地安排宝宝白天的睡眠时间,帮助其形成规律的作息。

一般来说，婴幼儿的睡眠时长和分配可参照下表，不过，由于宝宝睡眠长短存在个体差异，不宜做硬性规定，下表所示的睡眠时间仅供参考。

年龄	夜间睡眠/小时	白天睡眠/小时	睡眠总量/小时
新生儿	9（多次小睡）	9（多次小睡）	18
1月龄	8.5（多次小睡）	7.5（多次小睡）	16
3月龄	6～10	5～9	15
6月龄	10～12	3～4.5	14.5
9月龄	11	3（2次小睡）	14
12月龄	11	2.5（多次小睡）	13.5
18月龄	11	2.5（1～2次小睡）	13.5
2岁	11	2（1次小睡）	13
3岁	10.5	1.5（1次小睡）	12

睡前不要让宝宝进食

睡前尽量不要让宝宝进食，以免加重消化负担，使宝宝的大脑处于兴奋状态，导致难以入睡。

帮宝宝适度按摩

父母用大拇指从宝宝的拇指尖处沿拇指外侧推向宝宝的掌根处，按摩50～100次，能帮助宝宝更快、更好地入睡。

肢体语言，孩子的直接表达方式

> 宝宝不仅会用哭声跟爸爸妈妈"说话"，还会通过肢体语言传达自己的需求。如果父母不明白其意图，就无法更好地照顾宝宝。所以父母要读懂宝宝的肢体语言，并给予正确的回应。

宝宝的心事用"脸"说

面部表情是人们内心想法的真实表现，宝宝也会通过各种表情向爸爸妈妈展示自己的内心世界。只有读懂这些微表情，才能给予宝宝贴心的照护。

- 当宝宝把乳头或奶瓶推开，将头转向一边，并且表现出一副放松、懒洋洋的样子时，多半是在表达自己已经吃饱了。此时，妈妈就不用担心宝宝会饿肚子了。
- 宝宝的目光变得发散，父母引逗也不像之前那样灵活，对于外界的反应稍显迟钝，或者打哈欠，将头转向一边，对周围的人爱搭不理，这就表明他困了，需要进入梦乡了。
- 宝宝瘪起小嘴，往往是要开哭的先兆，也是对成人有所需求的信号。父母要仔细观察，适时地满足宝宝的合理需求。
- 如果宝宝眉头紧锁、哭闹，还时不时地看旁边发出声音的物体，说明他被噪声干扰到了。父母要将声音降低，并及时安抚宝宝的情绪。
- 小便之前，男宝宝通常会噘嘴，女宝宝则会咧嘴或上唇紧含下唇。当父母观察到宝宝出现此表情时，多半要检查一下，是否需要换尿布。
- 如果看到宝宝小脸发红，目光呆滞，还发出"嗯嗯"的声音，就说明宝宝要大便了，父母要带他及时排便，否则宝宝会难受、哭闹。
- 当妈妈用手指碰触宝宝的脸颊或嘴角，他会把头转向你，张开嘴巴做出寻找食物的样子，同时还有吮吸的动作，这就说明宝宝饿了，需要喂奶了。

当宝宝在微笑时,他在想什么

当看到宝宝甜甜的笑容时,每个妈妈心中都会充满无限的满足感。其实,宝宝的笑容有很多变化,每一种变化的背后都有他想表达的含义。

笑是一种情绪反应,当生理需求得到满足时,就会出现愉快的情绪,一般表现为笑。宝宝的微笑,说明自己被照顾得很好,感受到了安全和温暖,这些都会让他觉得愉快。宝宝的笑大致会经历以下三个阶段。

阶段一:自发性微笑

细心的妈妈会发现,刚出生的宝宝,在睡觉的时候常常会笑,这就是自发性微笑。这种微笑多出现在宝宝出生后的0~5周,当其精神状态良好,所处环境让他感觉舒服、满意的时候,即使没有任何外部刺激,宝宝也会自然地出现面部表情变化,被称为"无人自笑",其实就是反射性微笑。

阶段二:无选择的社会性微笑

5~6周的宝宝,已经能够区分社会性和非社会性刺激,对人声和人脸开始有偏好选择,对社会性刺激笑得更多,即出现了起初的社会性微笑。例如,妈妈抱着他哼摇篮曲,或者爸爸用手轻触他的小脸蛋时,宝宝都会回以灿烂的微笑。这时,父母应仔细观察,多给宝宝创造让他微笑的机会。

阶段三:有选择的社会性微笑

宝宝出生3~4个月之后,随着其分析刺激内容能力的增强,开始对不同的人有不同的微笑,真正意义上的社会性微笑便产生了;6~9个月时,宝宝会转头朝向父母,并向父母微笑,渴望与父母分享他的喜悦心情;1岁左右时,宝宝在向父母表达需求时,不仅会用小手做手势,还会用笑容来表达。此时,父母更需要了解宝宝笑容背后的含义。

眼睛是心灵的窗户

有心理学家曾说过:"眼睛是了解孩子最好的工具。"特别是幼儿时期的孩子,父母要想了解宝宝的内心世界,就要学会从眼睛里知晓他想要对父母说的话。

有些爸爸妈妈会忽略对于宝宝眼睛的观察,其实他的内心世界都写在眼睛里。当宝宝的目光中充满喜悦,说明他正在享受乐趣;如果宝宝盯着一个人或事物眨眼睛,说明对这个人有好感或者对这个事物感到好奇,反之,倘若宝宝只是看一眼,则说明他对那个事物不感兴趣;如果眼神无光,说明宝宝感觉累了。总之,只要父母用心观察宝宝的眼睛,就会读懂他的内心世界。

需要提醒父母的是,宝宝的眼睛不仅是内心世界的反映,还是身体状况的"外传器",健康的宝宝眼睛明亮有神,如果无光少神,甚至目光呆滞,就说明宝宝快要生病或已经生病,父母要留心观察,并及时采取措施。

眼睛反映身体状况

1. 异物入眼,宝宝会频繁眨眼,父母要及时检查,但不要让宝宝揉眼睛,以免异物划伤眼角膜。沙眼、角膜炎、眼睑结石等疾病,也会让宝宝频繁眨眼。

2. 如果宝宝喜欢躲在暗处,眼睛怕光,不愿睁开眼睛,有可能是红眼病、水痘等疾病的初期表现,爸爸妈妈要加以重视。

3. 由上呼吸道感染所导致的疾病,如流行性感冒、风疹,或者鼻炎、鼻窦炎,会让宝宝出现流泪不止的现象,父母不要误认为宝宝哭了,以免延误病情。

4. 当宝宝眼球及眼皮发红,还伴有黄白色分泌物时,常见于流行性感冒和麻疹初期。红眼病、风疹、猩红热等疾病在发病过程中也会有不同程度的红眼现象,要及时就医。

好动是孩子的天性

在孩子的眼中，好像没有什么是不能做的，想跑就跑，想跳就跳，他们似乎有着用不完的精力。但父母却总是对好动的孩子加以限制。

其实，好动是孩子的天性，好动的背后隐藏着的心理需求才是重点，只有弄清并针对性地加以引导，才能保证孩子健康成长。孩子好动的原因是什么，又该如何正确引导呢？

原因

1. 孩子对周围的事物感到新鲜、好奇和不理解，想要通过自己的动作去感触成人习以为常的东西，这种探索行为常被父母误认为好动。
2. 每个孩子都有自己的性格特点，有些孩子自出生就活泼好动，情绪和专注力容易受到外界的影响，而且年龄越小，这种性格特征会越明显。
3. 孩子有着被接受、被尊重的心理需求，很多孩子的好动是想得到爸爸妈妈的赞赏，尤其是自己的某种做法曾得到过父母的赞赏时，类似的行为就会更多。
4. 父母没有时间陪伴孩子，孩子渴望被关注的心理得不到满足，当父母在家时，他就会想方设法吸引父母的注意，例如唱歌、跳舞，如果依旧得不到关注，孩子就会跑来跑去，吵吵闹闹。
5. 小孩子精力旺盛，本就是跑跑跳跳的年纪，但大部分孩子的活动量较小，导致过剩的精力无法消耗掉，所以只要有机会，孩子就会动来动去。

引导

1. 在保证安全的前提下，每天让孩子自由地玩上一段时间。
2. 父母要多陪伴、多引导孩子，在日常生活、学习中，培养孩子专注的好习惯。
3. 顺应孩子好动天性的同时，父母也要给孩子制定一些规矩，对其进行必要的约束。

手部小动作，体现"大心事"

宝宝的小手软软的、肉嘟嘟的，爸爸妈妈总是会忍不住摸一摸、拉一拉，细心的父母会发现，原来不只哭声、表情能表达宝宝的意思，连小手也能表达。

握拳——发育未完全的表现

手与大脑关系密切，手部动作能够促进大脑神经系统的发育，同时，宝宝的手部动作也能反映其心理状况。

宝宝年龄小，神经系统尚未发育成熟，高级中枢的调控能力还没有完全形成，屈肌紧张，因而常会出现握拳动作，这是正常的现象，父母没有必要过于紧张。妈妈可以在喂奶时把宝宝搂在怀里，将手指伸进他的手心里，大手握小手，摸一摸、摇一摇，让宝宝感觉到安全和放松，久而久之，就能帮助宝宝将握拳的小手自然伸展开来了。

张开小手——邀请妈妈和他一起玩

宝宝张开小手，手指向前伸展，是在邀请爸爸妈妈跟自己一起玩耍，如果父母不明白其意思，宝宝的情感得不到满足就会哭闹。其实，照顾宝宝不仅是满足其生理需求，还要给予他情感的滋养，当宝宝发出邀请时，父母要赶快陪他玩耍。通常，两三个月的宝宝手部动作意识已经被唤醒，他们会经常盯着自己的小手看，对玩手这件事乐此不疲，要么张开，要么弯曲，再或者放到嘴巴里，有时会不小心抓伤自己。有些父母会给宝宝戴上手套，这种做法并不可取，会阻碍宝宝手部运动能力的发展，也会影响大脑的发育。

抓拿东西——开始探索世界

大部分宝宝到了八九个月，就会开启他们的"手抓"之旅，尤其是吃饭的时候，不再安分于被妈妈喂，喜欢用手抓着吃，甚至一边吃一边捏着玩。有很多妈妈觉得不卫生，会制止宝宝的这种做法，却也在无形中剥夺了宝宝用手探索世界的机会。宝宝通过小手的摸、揉、捏等动作来认识世界，不仅手部越来越灵活，大脑也能得到很好的发展。所以父母不要阻拦，而应鼓励宝宝去尝试、探索。

张开双臂扑向你——在说："我喜欢你！"

三个月大的宝宝能够认识爸爸妈妈，六个月左右时能区分亲人、熟人和陌生人，到了八个月左右时，宝宝的活动能力显著提高，对人际交往的欲望也越来越强烈，一些肢体语言也会运用到表达中。例如，当宝宝看见亲人时，会张开双臂，扑到对方怀里；看见小朋友时，喜欢伸手触摸对方，这些都是表示喜欢的方式。当宝宝做出"喜欢你"的动作时，父母却拒绝抱宝宝，宝宝就会产生被冷落的感觉，久而久之则不利于宝宝健全人格的培养。因此，当宝宝张开双臂扑向你时，爸爸妈妈要以同样的方式表达自己对宝宝的喜爱之情。

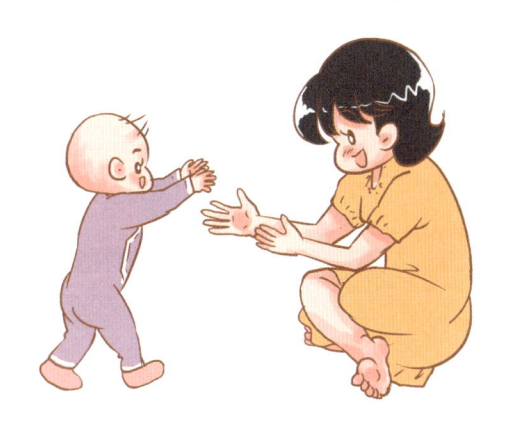

敲敲打打——满足好奇心

宝宝的敲敲打打是他们在成长过程中的探索行为，半岁至一岁左右的婴幼儿，大脑正处于一种模糊的意识状态下，他们往往会对外界充满好奇，同时，希望通过视觉和听觉来感知外部世界。父母要理解宝宝的这种行为，并准备好合适的玩具让宝宝敲打，还可以跟他一起敲着玩，让宝宝健康快乐地成长。

怪异举止，
孩子成长中可能存在的现象

> 孩子的行为多种多样，喜欢吃手指，喜欢走高低不平的地方……这些奇怪的举动常常让父母感到很困惑，父母只有了解清楚孩子行为背后的内心密码，才能给予孩子正确的引导。

口吐泡泡——正常的生理现象

有些妈妈对宝宝的细小变化都能察觉，比如有时看见宝宝像金鱼一样吐泡泡，就会担心是口腔问题，一定要到医院找医生问个明白才放心。

其实，口吐泡泡并不一定是宝宝生病的表现，大多数情况下是由于婴幼儿的口腔较浅，又不能很好地调节口内过多的液体才会出现，同时也是宝宝流口水的症状。如果宝宝在吐泡泡时，精神状态很好，吃得香玩得好，爸爸妈妈就不用过于担心，这是宝宝在用自己的特殊方式告诉父母，可以准备添加辅食了；如果宝宝一边吐泡泡，一边玩舌头，这也是他自娱自乐的一种方式，父母不必过多干预；如果宝宝出现口吐白泡沫，可能是小儿肺炎的征象，父母要引起重视。

肺炎是婴幼儿尤其是新生儿的常见疾病之一，多半是因为与患有感冒的人接触而感染的。因为新生儿体质较弱，细菌或病毒进入体内后向下呼吸道蔓延，就容易导致肺炎。

婴幼儿感染肺炎时的主要症状包括食欲下降、口吐白沫、精神萎靡等，这是因为宝宝自身免疫功能不成熟，抵抗力低、咳嗽反射差造成的，而且有不少患儿（尤其是早产儿）患肺炎时可能不会出现咳嗽症状，很容易被父母忽视而延误病情。所以当宝宝出现口吐白泡沫、不吃、不哭等表现时，不排除患肺炎的可能，爸爸妈妈一定要带宝宝就医。

可见，当宝宝出现一些父母不知道的行为举止时，父母应根据具体情况来判断。

故意捣蛋、伸手打人——想引起注意

> 1岁多的楠楠从上个月起学会了"打人",原本乖巧懂事的宝宝,现在会一边说"打你",一边把手拍向爸爸的脸,有时还会打别人的头甚至使劲拽妈妈的头发,对于楠楠的变化,一家人都觉得很无奈。

其实孩子的"打人"并不是真的爱打人,是因为他正处于"打人敏感期"。孩子打人,可能是为了吸引父母的注意,可能是他的情绪太激动,可能是他想用肢体语言传达自己的情感,还可能是想与别的小朋友沟通、交流。父母不能因为孩子"打人",就给他贴上暴力的标签,而应该对他进行正确的引导。

1
对于孩子的"打人"行为,父母不要做出过激反应,否则孩子会意识到,只要自己打人就能获得父母的关注,因而将打人视为吸引父母注意的一种方法,喜欢重复使用,打人的行为会越来越多。所以,父母对孩子打人的行为不要太敏感。

2
此阶段孩子的打人行为,更多的是其自我意识的一种反映,很多时候孩子只是用此种方式来表达自己,父母要注意观察孩子用肢体语言所表达的情绪,并积极回应,孩子感觉被理解,就会减少通过肢体语言"打人"来表达自己了。

3
作为父亲,平时言语要宽容、有礼貌;作为母亲,待人接物要亲切温和、细心周到。不要认为孩子小不懂事,其实父母的一言一行都被孩子看在眼中,模仿在肢体动作上,这些细微之处不容忽视。

4
在日常生活中,父母应尽量少让孩子看暴力画面,例如电视里的打斗场面、暴力行为等。同时还要注意自身对孩子的态度,如果态度粗暴,随意拍打孩子,孩子难免会依样学样。

爱吃手指——宝宝处于"口欲期"

宝宝总是喜欢把手塞到嘴里，一开始是比较笨拙地吮吸整只手，后来就偏爱某根手指，小手就真的这么好吃吗？

小孩子之所以喜欢吃手是因为他们认识世界是先通过嘴开始的，尤其是宝宝出生后的第一年，被称为"口欲期"。这个阶段，他看到什么东西都喜欢往嘴里放，这是一种正常现象，爸爸妈妈不用过于担心。

宝宝吃手的原因

宝宝喜欢用嘴巴来探索和认识世界，什么东西都想尝一尝，那为什么偏偏爱吃手呢？

原因一

刚出生的宝宝都有吮吸反射，吮吸是一种天生的需求。新生宝宝大脑发育不够成熟，不能控制自己的手部动作，是不会有吃手现象的。等他长到2~3个月，开始出现手上的动作，这时手就被当成一种好玩的玩具，尤其是宝宝感到不安、烦躁的时候，就会通过吃手来安抚自己的情绪。

原因二

有些新手妈妈在喂奶时距离宝宝较远，宝宝不能感觉到爱和温暖，吮吸的欲望也就不能得到满足；多种因素作用下，宝宝只能接受人工喂养，但奶嘴开口过大，宝宝吮吸速度过快，即使宝宝的肚子饱了，但心理上还没得到满足。在宝宝的吮吸没有得到满足的情况下，他就会通过吮吸手指来满足自己。

原因三

有的宝宝不喜欢整天睡觉，渴望爸爸妈妈和他一起玩耍，但有时父母过于忙碌，而疏忽了与宝宝的交流，他就会通过玩弄手指和吮吸手指来解闷。

总而言之，吃手属于宝宝自我安慰方式的一种，是其成长过程中的一种心理需求和一过性（指持续时间较短且很快消失）行为，父母不用干涉和阻止，只要注意卫生和时间就好。

预防吃手的对策

虽然吃手是宝宝的自我抚慰方式,但吮吸时间过长就是一种不良习惯,不仅会影响到上下颌的正常生长,如果宝宝处于出牙期,还会影响牙齿的排列、咬合,甚至引发口腔问题。所以父母要预防宝宝过分吃手。

行为忽视

如果宝宝的吃手行为不是十分严重,父母可以采取置之不理的态度,克服内心的焦虑,并控制自身的情绪和行为。

满足吮吸需要

妈妈在喂奶时可以轻抚宝宝的背部、叫叫他的名字,给予宝宝充分的爱和温暖,等宝宝主动吐出乳头时再离开;如果是人工喂养,要注意奶嘴开口适中,让宝宝有充足的时间来满足吮吸的需要。

多陪伴宝宝

父母不仅是宝宝的照护者,也是宝宝的精神寄托,爸爸妈妈要多陪伴宝宝,充分利用空闲时间和宝宝一起玩游戏,使他有安全感、幸福感、满足感,这样宝宝就不会通过吮吸手指来进行自我安慰了。

提供合适的玩具

有些时候,宝宝是因为无聊才会吃手打发时间。对此,父母可以提供一些能够用手拉扯的玩具,如手摇铃、悬吊玩具等,慢慢地宝宝就会减少把手放进嘴里的动作了。

提升宝宝的认知力

父母多带宝宝外出活动,让他多接触一些不同类型的事物,这么做不仅能让宝宝多接受外界事物的刺激,提高其兴趣,还能让宝宝在丰富的活动中产生新的寄托,这样就不会有事没事只想着吃手了。

在纠正或戒除宝宝吃手的过程中,父母不要急于求成,否则会把自身的焦急情绪传递给宝宝,增加其压力。相信只要找对方法,循序渐进,就能有效解决问题。

反复扔东西——不断体现学到的新本领

> 一天,妈妈把一块饼干递给了丽丽,不知道什么原因,丽丽把饼干抓住后又扔到了地上,妈妈再递给她一块,她还是扔掉,并冲着妈妈"咯咯"笑。后来类似的情况又发生过很多次,不管妈妈递给她什么,或者桌子上有什么,丽丽都会扔得到处都是,还会"咯咯"笑得很满足。

相信有很多父母都会遇到这样的情况,就是宝宝不停地扔东西,妈妈不停地捡回来,自己感到厌烦不已,宝宝却乐此不疲,这是为什么呢?

通常来说,宝宝到了6～8个月,就开始有扔东西的行为了。起初可能只是宝宝的无意行为,但他觉得自己又多了一项本领而异常兴奋,所以会经常重复此项本领,乱扔东西的行为也因此出现。不仅如此,宝宝还希望自己的行为能引起爸爸妈妈的注意,并赞扬他。

随着手部功能被逐渐唤醒,以及手部肌肉的逐步发达,宝宝会发现,手不光能抓东西,还能扔东西,扔东西标志着宝宝能够初步有意识地控制自己的手了,是大脑、骨骼、肌肉、手、眼共同作用的结果。扔东西被宝宝视为重大发现,他们要不断体验这一功能,所以会反复重复这一行为。

扔东西不仅能训练宝宝的手眼协调性,还对其听觉、触觉的发展,手腕、上臂、肩部肌肉的发展有促进作用。此外,宝宝扔东西也是学习的过程。

- 通过观察物体的坠落轨道、方式，注意不同物体落地时的声音，提升观察力。
- 逐渐发现扔东西和发出声音之间存在的必然关系，从而发展出逻辑思维。
- 从扔出东西到听到声音的这一过程中，学会心理期待。

因此，扔东西是宝宝成长中的必经阶段，是他在体验手部功能。作为父母，见到宝宝乱扔东西，不应阻止、限制，可以参考以下做法，正确指导宝宝。

当宝宝刚学会抓起、扔出的动作时，父母要说一些表扬、鼓励的话，即使他扔了不该扔的东西也不要严厉责备，否则宝宝会认为乱扔东西可以引起爸爸妈妈的注意，这种破坏性行为会演变为一种坏习惯。

父母要多关心宝宝的情绪，让他感觉到关怀和爱，但也不能溺爱，应把握好关爱的度，否则宝宝会用扔东西来发泄情绪，不利于良好性格的养成。

因为宝宝还没有足够的分辨能力，会看到什么扔什么，所以类似玻璃材质的物品、贵重物品等，要放到宝宝够不到的地方，以免造成不必要的伤害或损失。父母可以准备一些塑料、橡胶或毛绒玩具，让宝宝玩耍。

宝宝扔出去的东西，妈妈不要立刻捡回来，否则他会认为这是两个人在玩游戏，会扔得更起劲儿。可以等到宝宝把手中的东西都扔完，他找你要的时候再捡回来。

爸爸妈妈有时间的时候可以陪宝宝一起玩扔玩具的游戏，可以和宝宝面对面坐着，中间隔一段距离，一起拿个毛绒玩具扔过来扔过去，这样不仅可以锻炼宝宝的能力，还有利于亲子关系的培养。

爱说狠话——诅咒敏感期的表现

> 鹏鹏是个调皮的小男孩,妈妈之前总爱开玩笑说他是"臭儿子",过了一段时间,妈妈就发现,只要有什么事情不顺着鹏鹏,他就会生气地噘嘴,还大声嚷一句"臭妈妈"。每次听见鹏鹏这样说,妈妈都会皱眉,但鹏鹏并不知道自己错了,反而说得更多,什么"坏妈妈""破妈妈"之类的话接连不断,妈妈越生气,他就越起劲。过了一段时间,例如"我打你""我捏你"之类的话也经常从鹏鹏的嘴里说出来。
>
> 有一次老师向鹏鹏妈妈反映,说鹏鹏经常"诅咒"别的小朋友,类似"我要踢死你""我要打死你"的话几乎成为鹏鹏的口头禅了,这让鹏鹏妈妈非常头疼,都不知道这些话是什么时候就装进了鹏鹏的小脑袋里。

我要打死你!

面对爱说狠话的小朋友,有很多父母不知道该如何教育,其实,这是因为诅咒敏感期的到来。诅咒敏感期是指儿童在学习语言的初期,当他们在接触一些脏话或带有诅咒性质的话语后,不分场合地胡乱使用,过了此阶段就会恢复正常。

在这个阶段,孩子会发现当他说出某些话时,会引起他人的强烈反应。他人的这种反应,对孩子来说是新奇的、有意思的,他就可能一直重复某些话,尤其是使用"诅咒"类的话语,父母会因此生气,别的小朋友会因此大哭。孩子"乐于"看到这样的结果，因为他察觉到了语言的力量，而且能够引起更多人对他的关注，因而会经常不分场合地说一些狠话。

专家认为，在一定阶段内孩子用诅咒的词语表达自己的情绪，这是他们学习语言、交流的过程，体会语言带来的力量，父母不用过于紧张。

通常情况下，孩子在诅咒敏感期内才会有兴趣说一些诅咒的话，如果父母反应过激，或让孩子感觉到能从中获益，他就有可能形成习惯，甚至会影响身心健康。所以，教育诅咒敏感期的孩子，父母要注意以下几点：

冷处理

孩子说一些狠话、诅咒性的话，多是因为发现了诅咒所产生的威力，正是有人回应孩子的"诅咒"，他才会变本加厉。父母一旦采取冷处理的方式，不予回应，诅咒的语言没有产生作用，孩子不能从中找到乐趣，自然也就不说了。

寻找狠话的源头

孩子说的狠话通常都会有一个模仿的源头，也许是周围人说的，也许是电视上学来的。父母要尽量阻断这些狠话的来源，减少孩子模仿的机会，如使用文明用语，善意提醒他人，转移孩子的注意力。

用良好的语言作为回应

父母可以尝试用良好的语言回应孩子，例如孩子生气时说出的"臭妈妈"，妈妈可以回应说："不是臭妈妈，是香妈妈，就像你一样香。"这样，既纠正了孩子，又能引导其重复新的、好的语句。

及时赞扬美好的语句

当孩子能够使用一些美好的语句时，父母要及时给予表扬。表扬的话语会让孩子很有成就感，从而更愿意使用好的语言，获得更多的赞赏，那些诅咒性的语言就会越来越少被使用，孩子的诅咒敏感期也就能顺利度过了。

喜欢说"不"——第一反抗期来了

也许会有很多父母不解,孩子到了两三岁怎么就跟换了个人似的,原本乖巧的宝贝现在总是喜欢说"不",任性、顶嘴也是常有的事儿,其实这是第一反抗期的表现。

研究表明:孩子两三岁时,由于自由活动能力提高,各方面知识不断增加,自我意识逐渐凸显,会表现出越来越大的自主选择性,对成人的要求和安排喜欢说"不",喜欢按照自己的意愿行事,不愿别人来干涉自己。孩子的这些表现是他认识自我,独立性开始萌芽,生理、心理发展正常的重要表现。心理学家把孩子在2~5岁集中出现的逆反行为称为"第一反抗期"。此阶段是孩子发展判断力和独立能力的好时机,父母不要认为孩子喜欢说不、爱唱反调就是"不懂事",其实这是他表现自我的方式之一,盲从于父母只会阻碍孩子判断力的发展,也会使孩子依赖性较强。

反抗期是孩子必经的成长阶段,当孩子经常说"不"时,父母不要着急、头疼,做好以下几点,能顺利引导孩子,帮助其形成良好性格。

多理解和尊重孩子

孩子到了两三岁,喜欢跟父母唱反调,是建立自我和自尊的第一步,父母与其横加干涉,不如学会理解和尊重孩子的意愿。如果孩子执意要做的事情有危险性,爸爸妈妈可以蹲下来,以平等友好的态度询问孩子的意见,给孩子留出选择的余地,既能维护他的自尊,又能让他易于接受。

改变孩子"作对"的环境

很多情况下,孩子跟父母唱反调,是因为父母提供了一个"作对"的环境。例如,不让孩子吃过多的零食,父母却买了很多零食,孩子就会不停地吃。如果父母能主动改变"作对"的环境,不买过多零食,孩子自然不会唱反调。

满足孩子的好奇心和合理要求

过度保护常常会让孩子说"不",父母要相信孩子的能力,满足其好奇心。如果孩子想扫地,就让他扫地,想洗衣服,就给他一块肥皂……满足孩子的合理要求,让他在实践中积累经验,体会成功的快乐,这样孩子就不容易唱反调了。

父母说话算数

当给孩子选择时,父母提出来的条件一定是自己能做到的,让孩子知道爸爸妈妈说话算数,亲子之间才会相互信任。如果空头支票开多了,孩子认为父母是骗人的,就会更加不听话。

不要娇惯、放纵孩子

如果父母对孩子听之任之,就会让他养成任性、骄横的性格。作为父母,如果孩子经常用说反话来要求父母满足自己的不合理要求,应心平气和地与他讲道理,告诉他不能满足他要求的原因。或者尝试用另外一种有趣的事来转移他的注意力,使其放弃自己的不正当要求。如果劝说无效,父母要明确表明自己的态度:不合理的要求,再闹也不会满足,然后用冷处理的方式来终止孩子不合理的要求。

用非语言行为表示赞许或反对

在很多情况下,孩子会更容易接受父母用表情、目光或其他肢体语言所传递的信息。当孩子做得好时,父母可以微笑鼓励,当孩子做得不好时,父母可以用严肃的目光或表情回馈他,孩子就会停止错误行为。

喜欢上下楼梯——行走敏感期到来

> 花花今年2岁了,最近对上下楼梯很感兴趣。有次妈妈带她去超市买东西,刚到楼梯口,她就一直嚷着要自己上楼梯,妈妈怕超市人太多会不小心碰到花花,便没有满足她的要求,直接抱着上楼,花花却哭闹起来,妈妈只好将她放下,让花花自己上楼。

　　为什么有很多孩子会像花花一样,喜欢上下楼梯?这是因为孩子在刚刚学习走楼梯时,常常是先用手感知台阶,才敢把脚放上去,手部的作用比较大。慢慢地,当上下楼梯逐渐不再依靠手时,孩子就能完全体会到脚的作用。所以在这个时候,孩子会对上下楼梯很感兴趣。这是他们在用脚感知和把握空间,使自己的脚在任何空间里运用自如。

　　当孩子的腿脚功能被唤醒,行走的敏感期会随之而来,孩子会表现出用脚去探索的欲望,他们的探索方式可能是不停地行走,或者不停地上下楼梯,也有可能喜欢走高低不平的地方等。无论采取哪种探索方式,对孩子来说,都是使他感到快乐的游戏和活动。

　　面对处在行走敏感期的孩子,父母应尽量满足孩子的要求,让其尽情释放腿和脚,去享受行走所带来的乐趣。即使有时会摔跤,父母也不要剥夺他们行走的自由,有跌倒才会自己爬起来,才会有新的成长。

随口咬人——正处于口腔敏感期

小朋友之间因为玩具而吵闹是很正常的事情,但有的孩子却会用咬人的方式来解决矛盾。这让很多家长感到疑惑,自家宝贝一向乖巧,怎么就会随口咬人呢?一般来说,孩子咬人主要包括以下几种原因:

- 出牙期到来,孩子的牙龈又痒又痛,就可能出现咬人的行为。
- 孩子内心需求得不到满足,为了发泄情绪而咬人。
- 孩子的口腔敏感期没有得到满足而出现的补偿性反应。

可见孩子咬人并不是故意的,父母不要认为孩子学坏了,这是他无意中在用口、用牙齿认识事物,与故意用牙齿攻击别人有本质区别。那么,当孩子出现咬人行为时,父母应该如何应对呢?

满足口腔发展需求

当孩子处于口腔敏感期时,父母要满足其口腔味觉和触觉的发展需要。可以给孩子准备一些能够咬或者尝的东西,让他尽情享受。

给孩子提供合适的食物

处于出牙期的孩子,牙床会感觉很痒。此时父母可以提供一些软硬适度的东西让他练习咀嚼,例如磨牙棒或者磨牙饼干。孩子的咀嚼能力很强,对于不易咀嚼的食物会嚼了吐出,再放进嘴里嚼,父母不用过于担心。如此一来,既锻炼了孩子的咀嚼能力,又能避免咬人现象的发生。

> **温馨提示**
>
> 孩子是因为处于口腔敏感期才会出现咬人行为的,对此,父母要耐心指导,温柔提醒,及时帮助孩子改正。

喜欢抢别人的东西——自我意识开始萌芽

> 有一次妈妈带豆豆去参加聚会,当时有好几个小朋友一起玩,起初还好好的,过了没多久,就听到了争执的声音。原来是豆豆喜欢另一个小朋友的玩具,非要抢过来玩,妈妈把玩具还给了小朋友,豆豆就哭闹起来,其他妈妈们也过来劝,但并没有什么作用,为了让豆豆停止哭闹,妈妈只好答应给他买新玩具。
>
> 有时妈妈带豆豆到小区里玩,虽然他自己有玩具,但看到别人手里有自己喜欢的玩具时,就会直接上前去抢。小一点的小朋友就会哇哇大哭,力气大一些的小朋友,豆豆抢不过来,一番吵闹之后也就作罢了。妈妈觉得,在豆豆眼里,玩具永远都是别人手里的好。

类似豆豆的小朋友不在少数,很多父母会担心自己的孩子长大后自私自利。其实是家长多虑了,此阶段孩子的"自私"是一种正常现象,是其心理发展导致的,并不是道德问题,父母不宜给孩子贴上"小气""自私"等标签。

一般来说,1~3岁是孩子自我意识开始萌芽的时期,主要表现为自我中心性,常以"我"出发,不知道有"你""他"的概念,在孩子的意识里,自己的东西是自己的,别人的东西也是自己的,所以看到自己喜欢或者感兴趣的东西就想占为己有,所以才会去"抢",但没有恶意,是一种正常行为。

此阶段的孩子只意识到自己的力量与独立存在,对于他人的力量与存在还没有意识,当其懂得"我"之外还有"你"和"他"时,才会意识到自己和他人的区别，"抢"的行为也会慢慢改善。所以，父母再看到孩子的此种行为时，不必过于斥责，而应积极引导，给孩子正确的教育。

树立所有权观念

自我意识的形成是从模糊混沌到逐渐清晰的过程，外界事物的刺激很大程度上决定着孩子自我意识的清晰度。父母要尽早帮孩子树立所有权观念，当孩子还处于"自我中心期"的时候，就要给予相关指导，促使孩子形成良好的行为个性。

培养良好习惯

有很多家长在看到孩子抢别人东西时，会直接采取制止的方式，嘴里还会说"不可以拿别人的玩具，赶快还回去"等类似的话。对于3岁甚至更小的孩子，这些话根本没作用，父母应该直接告诉孩子怎样做，并鼓励其去尝试。例如可以对孩子说："你先问下弟弟愿不愿意，或者你们交换玩具玩一会儿……"如果孩子做得很好，父母要及时肯定，抢玩具的现象就会逐渐消失。

让孩子学会分享

有的孩子不愿意将自己的玩具给别的小朋友玩，这是很正常的现象，父母不要强制分享，否则孩子会觉得包括爸爸妈妈在内，都想要自己的玩具，他的占有欲会更强。父母可以从自身做起，为孩子树立榜样，从小就培养他的分享意识。

父母不要"扮大方"

当孩子之间因为玩具发生争抢时，父母不要强行将玩具从自己孩子的手中拿过来去满足别的孩子，久而久之会让孩子形成思维定式，甚至会让孩子形成懦弱、优柔寡断、不敢反抗、不会拒绝的性格。相反，父母应该做孩子的保护者，让孩子感受到父母的呵护，同时还要告诉别的孩子，要想玩别人的玩具应该经过别人的同意，要有礼貌，而不是硬抢。这样既保护了自己的孩子，也让他们明白，抢玩具的做法是不对的。

孩子总是尿裤子——顺利度过肛欲期

> 龙龙的妈妈最近遇到了一个头疼的问题,就是龙龙从前段时间开始出现了憋尿现象。龙龙每次憋尿的时候都会表现出很紧张的样子,小脸发红、夹着腿、撅着屁股,说想尿尿,妈妈带他到厕所后他又尿不出来,可一转身就尿在了裤子里,有的时候一天能尿三四次,妈妈担心龙龙是不是生病了。

龙龙的这种情况并不是生病了,而是说明他正在经历肛欲期。随着括约肌逐渐变得发达,孩子可以在一定程度上控制自己的大小便,当大便经过肛门,小便经过尿道时,黏膜会产生强烈的刺激感。当孩子学会自己脱裤排解大小便后,反复出现憋大小便,并将大小便解在裤子里的行为,就是孩子肛欲期到来的表现,只是有的孩子肛欲期表现不明显。

通常孩子的肛欲期会持续两个月左右的时间,肛欲期结束后,孩子的性心理会向着下一个阶段迈进,如果父母不明白孩子正处于"非常时期",不懂得尊重孩子肛欲期的发展规律,肛欲期就会延长,有的孩子甚至会有半年时间都会出现尿裤子的尴尬情况。

此阶段是训练孩子如厕的好时机,但父母要耐心、细心,否则容易给孩子造成心理压力,从而打乱其控制大小便的自然规律。

【做法一】

父母要知道孩子肛欲期的心理和生理发展规律，并接纳和尊重这种规律。不要将孩子尿裤子或者拉裤子的事情作为谈资，否则会给孩子带来焦虑，导致肛欲期的延长。

【做法二】

当孩子把大小便解在裤子里时，父母要平静地对待，以温和的口吻安慰孩子。要知道，现阶段的孩子已经知道排便要去卫生间，只是还很难做到而已。

【做法三】

父母要知道自己的批评、指责并不能改变孩子生长发育的规律和本能，反而会让孩子产生自卑心理，甚至影响孩子人格中自尊的建构。所以诸如"都这么大了还尿裤子""你为什么不去卫生间大便""下次再这样，妈妈就不喜欢你了"等话语就不要对孩子说了。

除了以上这些做法，父母还要帮助孩子学会控制大小便，在训练孩子上厕所时，父母要注意以下几点：

1

父母配合孩子的排便习惯，一般在睡前睡后或吃奶、喝水后1小时，让他坐在便盆上，并用"嗯嗯"或"嘘嘘"来引导他。通过时间、声音、坐便盆姿势等相配合，帮他形成排便条件反射。

2

让孩子坐在便盆上排大便，即便大便已经排出，也要坚持，从而强化排便行为与便盆的联系，有利于排便反射的建立。同时，父母要多观察孩子排便前的表现，如放屁、面红、使劲等。

3

在固定的时间坐便盆，可以逐渐养成孩子定时排大便的习惯。大部分孩子在2岁左右就能全天控制大小便，但存在个体差异，父母不必强求，坚持训练就好。

和大人抢着接电话——提升语言表达能力

"喂，请问你找谁？好的，再见！"还没等对方开口，孩子已经把电话挂断了，类似的情况肯定会在大多数家庭出现。这并不是孩子在恶作剧，而是他在提升语言表达能力。

随着孩子的长大，他会逐渐发现，语言不仅可以从人的身上发出来，还可以从电话这部奇怪的机器里发出来，这对于2岁左右的孩子来说，发现电话能发出声音这件事会让他兴奋不已。于是他开始观察爸爸妈妈的一举一动，然后慢慢模仿语言和姿势，并尝试着自己去接电话。

对于孩子来说，接电话的经历是一次语言探索的经历，父母要理解。其实，打电话是日常生活中人与人交流的一种方式，孩子可以通过与打电话者的沟通，锻炼自己的语言表达能力。父母观察到孩子对接电话有兴趣时，可以抓住机会适当引导，并教会孩子正确使用电话，以及接听电话时的文明用语等。

鼓励孩子参与

当孩子平时出现喜欢观察爸爸妈妈接打电话，或者伸出小手要电话、拿起电话听筒、按电话号码等行为时，说明他已经对电话产生了兴趣。父母要满足孩子的好奇心，并借此机会耐心地给孩子讲解一些有关电话的知识，尝试着让他参与进来，鼓励他对着电话说话，使他感受电话那头语言的神奇。

教孩子一些礼貌用语

父母可以有意识地教给孩子一些接听电话的礼貌用语，例如：接电话时要礼貌地问对方"您好，请问您找谁""您好，请问您是哪位"；当对方找的人不在家时，可以说"爸爸（妈妈）不在家"；如果别人打错电话，要跟对方说"不好意思，这里没有您要找的人"或者"对不起，您打错了"；准备挂电话时，要等长辈先挂掉，自己再挂掉。如果是打电话，父母要告诉孩子，如果接电话的不是自己要找的人，要先报自己的姓名，如"您好，我是某某，请问某某在吗"等。

不要盲目制止孩子

当孩子对接打电话表现出浓厚兴趣时，说明他正在进行语言探索，从而提升自己的表达能力和沟通能力，父母千万不要盲目制止孩子的行为。相反，父母可以为孩子准备一个玩具电话，和他一起玩打电话的游戏。

在游戏的过程中，父母可以借机教给孩子礼貌用语、认识数字等，然后用拨打电话的方式检验他所学到的知识。比如，如果孩子按错了数字，父母可以在一旁提示："对不起，你的号码拨错了，请重新再拨。"重复几次后，孩子就会从失败中吸取经验，并认清数字。当他拨对号码后，爸爸妈妈可以模仿电话铃声，表示电话已经接通，然后拿起电话和孩子聊天。此时，可以重复之前教给孩子的礼貌用语，让孩子既体会到接打电话的乐趣，又能在无形之中学会相关知识，一举两得。

让孩子勇于实践

当孩子掌握了基本的拨打电话和接听电话的相关知识后，父母可以试着让孩子实际操作。可以将给爸爸（妈妈）打电话作为开始，如果孩子接受能力较强，也可以鼓励他给爷爷奶奶打电话，问候他们。当电话铃响起的时候，父母也可以鼓励孩子去接听，创造一些锻炼的机会，不管孩子在接打电话时表现如何，父母都应多鼓励。

> **温馨提示**
>
> 父母应避免过早将手机作为孩子的玩具，因为过早接触手机可能会分散孩子的注意力和专注力。

把别人的东西拿回家——只是喜欢不是偷

细心的妈妈有时会在孩子的小书包里发现不属于孩子的玩具,于是会认为是孩子偷拿别的小朋友的,或者是从幼儿园偷带回家的。孩子的这种行为其实不是偷,而是喜欢。

从心理学的角度来说,孩子3岁之前出现的"盗窃"行为,是"占有欲"作用下的结果,是一种正常的心理现象。对于还没有完全建立"你""我""他"概念的孩子来说,在他的思维里认为"只要我喜欢,就是我的"。

不足够清晰的是非观,让孩子还不能像成人一样约束自己的行为,在他的小脑袋里,总是希望拥有自己喜欢的东西,并想方设法得到它。好在随着年龄的增长,在家长的教育下,孩子的这种"以自我为中心"的意识会逐渐淡薄,他的"占有欲"也会逐渐消失。此外,孩子拿不属于自己的东西,还有其他两种原因。

一是为了吸引注意而发生的"偷窃"行为。究其原因主要是父母忙于工作,对孩子的感情投入过少,使他缺少关心,孩子为了引起父母的注意,就会去拿不属于自己的东西,来满足情感需求。

二是为了发泄心中的不满而发生的"偷窃"行为。例如,在幼儿园因玩具而发生了争吵,没有拿到玩具或受批评的孩子心中就会产生不公平的感觉,这时他可能就会通过"偷窃",把玩具占为己有来发泄心中的不满。

虽然孩子的此种行为与其心理发展有关,但如果爸爸妈妈放任不管,孩子的此种行为就有可能演变为真正的偷窃,甚至酿成难以挽回的大祸。所以,父母要在分析其具体心理原因的基础上,对孩子加以制止,具体方法可以参考以下几点:

1

当父母发现孩子"偷拿"了玩具或其他东西时，要保持平和的心态，不要审问孩子，以免给他造成心理压力，甚至逼迫他说谎。父母应该鼓励孩子将事情的经过和自己内心的真实想法说出来，这样才能顺利解决问题。

2

在日常生活中，父母要教育孩子，别人的东西必须经过主人的同意才可以玩、可以动。如果没有经过主人同意就"偷拿"东西，是不对的行为。此外，父母还可以有意识地教给孩子一些正确的待人接物方式。

3

换位思考，父母引导孩子站在对方的角度，试着想象别人因为喜欢的东西不见了而伤心难过的感受，以此诱发孩子的内疚感，让孩子对"失窃者"产生同情，从而有效矫正孩子的"偷窃"行为。

4

当孩子"偷拿"了别人的东西后，父母不要用惩罚的方式来教育孩子，因为过于强硬的管教方式，不仅会伤害孩子的自尊心，还会让"偷窃"成为孩子的心理需求，从而导致孩子变本加厉地"偷拿"别人的东西。

5

在孩子"偷拿"了幼儿园或者别的小朋友的东西后，父母除了要让孩子分清对错、具备是非观念以外，还要重视处理结果，父母应鼓励孩子主动将物品归还。在归还之前要让孩子明白道理，并做出自愿归还的行为。

6

如果孩子是为了吸引父母的注意而去"偷窃"，父母就要自我反思，应该对孩子投入更多的感情，给予孩子更多的关爱。让孩子感受到自己备受关注以后，他自然而然就不会再去"偷"了。

偷看大人洗澡、玩弄生殖器
——性意识开始萌芽

> 最近康康的妈妈很苦恼,因为康康总想看家人洗澡,妈妈担心他学坏,坚决不让他看,结果康康就哭闹起来。后来,当家人洗澡时,康康就会偷看。面对孩子的这种行为,康康妈妈实在不知道该怎么办。

随着年龄的增长,孩子对于身体的好奇变得越来越强烈,当好奇心积累到一定程度,就会导致出现类似偷看的行为。父母发现后,可能会不自觉地用成人的心理去看待,认为孩子的这种行为不健康。其实,孩子出现这种行为是很自然的反应,是性意识萌芽的开始。

对于孩子偷看成人洗澡这件事,不同的父母会采取不同的处理方法,有的父母可能会直接大声批评、教育;有的父母可能当时不动声色,但事后也会采取相应办法制止孩子;还有一类父母则会正视孩子的此种行为,并用科学的方式向孩子讲解性别差异。通过比较,不难看出,第三类父母的做法是正确可取的。孩子一天天长大,对身边的事物充满好奇,其中也包括对两性的好奇,想知道人体到底长什么样子,男性和女性的身体为什么会不一样……孩子只是想单纯地通过"观察"来了解自己不知道的东西,并非成人所想象的那样。

对于孩子的性教育,父母是第一任老师,父母越是禁忌,孩子就越执着，这是他的天性，如果制止孩子的这种行为，他可能每次都会守在卫生间门口等着看爸爸妈妈洗澡。为了满足孩子的好奇心，父母要把正确的知识以平和的方式教给孩子，他就能顺利接受，好奇心得到了满足，自然也就不会再出现偷看的行为了。

孩子除了偷看成人洗澡，还有一些行为，例如有的男孩时常用手玩弄阴茎，有的女孩伸手去摸外阴，有的孩子骑在某种物体上向前或左右扭动身体，有的还会在突出的棱角上摩擦生殖部位等。这些都会让父母感到不安，尤其是孩子当众做出这些行为时，父母都会感到很尴尬。孩子为什么会有这种行为？父母该制止，还是装作若无其事？

其实，孩子的心理和性行为并不是只有到了青春期才会表现出来，而是从很小的时候就开始了。不管是男孩还是女孩，都会出现抚摸、玩弄生殖器的行为，但他们并不是成人所认为的那样，孩子甚至意识不到自己在触碰生殖器，他们只是觉得触摸生殖器的感觉很好，有的孩子还会通过这种行为让自己平静下来。

随着孩子的成长，他会开始探索自己的身体，会用手不停地摸来摸去，碰碰自己的眼睛、耳朵、鼻子，也包括生殖器。孩子在触摸生殖器时所产生的快感，比触摸其他部位时更强烈，所以就会偏爱玩弄生殖器。

大部分孩子会在1岁左右开始抚摸自己的生殖器，当父母发现孩子这一行为时，常常会训斥孩子不知羞耻。其实父母的做法并不正确，同时还会给孩子造成心理负担。

这个阶段的孩子玩弄生殖器的行为虽然和性行为相似，但不是出于性的目的，也与品德无关，父母也可以认为是好奇心的表现，没有必要形成精神负担，只要摆正态度，正确引导孩子，让他自然地了解性、接受性就可以了。

不要吓唬、责骂孩子

父母的恐吓和责骂有可能会让孩子形成怯懦、敏感的性格，甚至会让孩子长大后出现性反应和性表现能力的抑制。当发现孩子玩弄生殖器时，父母最好不要说破，可以通过转移注意力的办法，帮助孩子改正这一不良习惯。

不要让孩子穿紧身衣裤

紧身的衣裤尤其是内衣，容易使会阴或阴茎受刺激而诱发孩子玩弄生殖器，所以父母要为孩子选购一些宽松舒适的衣物。

不要逗弄孩子的生殖器

有些家人或亲朋好友喜欢拿男孩子的"小鸡鸡"开玩笑，甚至会逗弄，时间一长，孩子会觉得大家都喜欢他的"小鸡鸡"，于是就会模仿成人，主动去玩弄自己的生殖器。对于这点，父母要引起重视。

培养良好的卫生习惯

父母要帮助孩子及时清洗外生殖器和肛门周围的皮肤，勤换内裤，勤晒被褥，养成良好的卫生习惯，以免细菌滋生，使孩子感染疾病。

培养良好的作息习惯

有的孩子喜欢在睡前或醒后玩弄生殖器，父母可以等孩子有睡意的时候，再让他上床睡觉，不要过早上床；孩子睡醒后，不要让其在被子里玩耍，要马上起床，否则孩子很容易去玩弄生殖器。

培养孩子广泛的兴趣爱好

玩弄生殖器多发生在孩子独处的时候，因此，父母要避免把孩子单独留在室内，多创造一些孩子与他人交往的机会，也可以培养孩子广泛的兴趣爱好，让孩子把精力投入积极的活动中去，以此来减少孩子玩弄生殖器的行为。

> **温馨提示**
>
> 有些病理情况也会诱发孩子玩弄生殖器，例如尿道炎、外阴炎、蛲虫病等，生殖器不舒服，孩子就会经常用手去摸。父母要注意检查孩子的生殖器有无异常，必要时及时就医。

孩子恋物——从"完全依恋"走向独立

> 朵朵的玩具箱里有各种各样的玩具,但她偏偏喜欢那个粉色娃娃,这个粉色娃娃软软的,是朵朵1岁生日时妈妈买给她的生日礼物,从此她们就成了形影不离的好朋友。爸爸妈妈曾想过各种办法,让朵朵喜欢上新的玩具,丢掉这个已经很破旧的玩具,但朵朵每次都会强烈反抗,最后都以失败告终。不仅如此,这个又破又旧的娃娃是她每次出门必带的玩具,如果忘记带,她就会哭闹不休,睡觉的时候也必须有娃娃的"守护"才行,有时就算睡着了,也会紧紧地抱着它。

不只是玩具,有的孩子还会对自己的小被子、小毛巾偏爱有加,不管多脏都不让妈妈换洗,为此有些父母担心孩子太过偏执而有心理问题。其实,在孩子眼里,这些玩具、被子等不只是物品这么简单,还被赋予了更多的意义,它们的背后常常潜藏着孩子更多的心理需求。

当孩子在婴儿时期时,就会通过各种感官来满足探索的需求或安抚情绪,例如吮吸奶嘴、手指来满足口腔吮吸的愿望;抚摸柔软的被角、玩具来满足触觉舒适的感觉。尤其是妈妈不能陪伴在身边的时候,孩子就会把这些物品当作代替品,从中获得安慰。在孩子的意识里,这些具有安抚作用的物品代表着妈妈和安全,在妈妈不在的时间里,它们就代表妈妈或妈妈的气息。

与妈妈不同的是,孩子可以控制这些物品,能决定什么时候需要或者不需要，当妈妈不在身边时，孩子可以通过使用它而逐渐减少对妈妈的依赖，这也表明孩子在用一种积极的方法使自己从"完全依恋"走向独立。

细心的妈妈还会发现，大部分孩子"恋"上的物品多半是柔软的、可以拥抱的，跟妈妈的怀抱很像，这是亲子依恋的表现，也是皮肤接触的需要。人们在一定程度上都存在身体接触的需要，尤其是婴幼儿阶段更为强烈，在舒适的身体接触中，孩子的心理会得到放松，所以孩子会"恋"上被子、毛巾等物品。

不过，有的孩子会依恋物品，有的孩子则不会，这是为什么呢？出现这种情况有两种可能，一是妈妈或照顾的人在孩子身边，孩子不需要代替性的物品，另一种是孩子用了其他方法安慰自己，例如吮吸手指。心理学家认为，感情敏感的孩子更容易对物品形成依恋，一般在孩子2个月大时，对压力和不愉快的反应就已经有明显差别了，这表现为有的孩子不高兴时可以忍着不发泄，而有的则会号啕大哭。

恋物是孩子心理发育的自然过程，随着年龄的增长、人际关系的变化，大多数孩子会逐渐地不再依恋这些代替性物品，只是没有确切的时间规定孩子在什么时间内就一定放弃依恋物。"恋物"这件事本身并不会影响孩子的成长，只要孩子情绪、行为等方面发育正常，孩子对物品的依恋就不是不允许的，而且大多数孩子只会在特定的时候需要依恋物，所以父母不用过多干涉，只要保证依恋物的卫生，顺其自然地等待此行为慢慢消失就可以了。"恋物"的源头——安全感的缺失，需要父母时刻关注，如果孩子突然对一件物品产生了浓厚的兴趣，恋物行为有些极端，例如依恋物几乎不离身时，父母就要引起高度重视，必要时进行心理干预。

平时多拥抱孩子

拥抱不能作为奖赏，在日常生活中父母要多拥抱孩子，即使孩子因为做错事情而感到不安时，爸爸妈妈也可以拥抱他。经常性的拥抱可以传达给孩子很多信息："妈妈就在身边""爸爸爱你""这次没成功也没关系""别怕，你不是一个人"……父母经常和孩子拥抱，能给予孩子充足的爱和安全感，孩子就不会将玩具、被子等当成他的"精神保险"了。

做好睡前安抚

有的孩子是因为入睡不安而养成的恋物习惯。很多父母为了解脱自己，总会在有意或无意间让孩子抱着玩具睡觉，这种做法为孩子养成不良习惯提供了契机。如果父母在睡前陪伴孩子，哼一首催眠曲或者讲一个睡前故事，等孩子入睡后再离开，在安心的环境中进入梦乡的孩子，是不会对依恋物产生过度需求的。

多备几个"迁移载体"

绝大多数孩子的依恋物无非是一些被子、小毛巾、玩具等物品。妈妈在选购这些幼儿用品时，可以多买几个，多种选择让孩子无法对其中某一个物品"专情"。如果一开始就准备两三条小被子，一个毛绒熊家庭（包括熊爸爸、熊妈妈和兄弟姐妹等），交替使用，孩子就可能从中领会到，这些只是物品，跟陪伴、照顾自己的爸爸妈妈不一样，也就不会轻易恋物了。

避免强制性戒除

父母在帮助孩子戒除恋物行为时，不要采取强硬的、过激的行为，否则可能会适得其反。只有正确处理，孩子的恋物行为才会慢慢减少，不至于影响人格的发展。

> **温馨提示**
>
> 父母还可以多带孩子外出活动，多交几个好朋友，孩子的眼界开阔了，性格变得开朗，对物品的依恋自然会减少。

爱告状——依赖心理的表现

在日常生活中，很多孩子都爱告状，尤其是3~6岁的孩子，这是此年龄段的孩子是非判断能力和独立处事能力相对较弱造成的。如果父母不能正确处理孩子爱告状的行为，很可能会影响孩子的人际交往和处理问题的能力。

告家人的状，怎么办？

与成人所认为的告状不同，孩子告状表明他已经开始有了进行是非判断的意识。孩子会把父母的话当成不可违背的规则，并无条件地相信，如果有人没有按照自己熟悉的规则去做，孩子就会因为无法理解而"告状"。当孩子告状时，父母可以参考以下做法。

首先要做的就是及时安抚，因为在孩子看来，告状是一件很严肃的事情，其目的就是要爸爸妈妈同自己站在一起，所以父母要及时安抚他的情绪，例如"妈妈知道了，哥哥不可以推你，是他做错了"，让孩子知道，他的"努力"是值得的。

其次，应根据得到的信息，采取正确的处理办法。例如，妈妈当着妹妹的面告诉哥哥，他推人的做法是不正确的，一家人要相亲相爱。这样才是对孩子真正负责任，并让孩子从中知道一些正确的规则是要遵守的。

告小朋友的状，怎么办？

孩子爱告状不排除想要获取关注和肯定的可能，这也是此年龄段孩子的心理特征之一。大多数情况下，调皮的孩子会比乖巧的孩子所受到的关注更多，所以有些孩子就会通过告状来追求自我表现，别人做得不好、不对，自己做得好，希望爸爸妈妈对自己的是非判断给予肯定。

渴望得到父母的关注和夸奖，是孩子的一种普遍心理，所以，当孩子告状后，父母应对孩子对的、好的行为及时肯定，不要纠缠于"告状"本身，这对培养孩子正确的判断力和良好的克制力很有帮助。

有的孩子只会拿别人错误的地方告状，其实自己也有类似的问题。孩子在告状时，父母可以借机引导他自己说出正确的做法，从别人的错误中吸取教训，改掉自己身上的坏习惯。

发生矛盾后告状，怎么办？

当孩子与小伙伴发生矛盾或者受了委屈向父母告状时，主要目的有两个：一是将爸爸妈妈作为倾诉对象，宣泄自己的情绪，以求达到心理平衡；二是此年龄段的孩子有了自己的想法，但与小伙伴产生矛盾后不知道怎样处理，特别是自己处于劣势或感到压力时，向父母告状，实际上是向父母求助，希望在他们的"干预"下，说服对方，以达到自己的目的。作为父母，在明白孩子告状的意图之后，可以参照以下引导方法：

- 耐心倾听孩子的倾诉，不要盲目打断或斥责，设身处地地理解孩子的感受，并适当地安抚孩子。
- 了解事实的真相和孩子告状的原因，并根据具体情况采用不同的处理方式。也可以让孩子自己思考一下。
- 教孩子换位思考，正确对待矛盾，并借机教会孩子解决问题的技巧，让他知道要友好地对待朋友。
- 孩子告状说明他的独立性还不强，解决问题的能力还不强，父母要鼓励孩子自己解决问题，不要一味告状。

> 我要告诉我妈妈，你抢了我的皮球，还打我……

能带孩子,
不等于会带孩子。
掌握科学、高效的育儿技巧,
解决育儿难题,
就在本章。

孩子黏人

孩子哭闹

孩子动个不停

第3章

父母多学习：
化解"熊孩子"难题

掌握科学、高效的育儿技巧

> 想要成为称职的父母,不光要读懂孩子行为背后的心理因素,关键还要通过把握孩子的心理,用科学、高效的育儿技巧解决孩子的各种问题。

表扬要具体、可信

每个孩子内心深处都强烈地渴望受到赏识和肯定,父母经常表扬、鼓励孩子,可以给孩子前进的信心和力量。当然,许多父母都明白表扬对孩子的成长非常重要,但如何表扬孩子才既有效又得要领,下面和我们一起来了解一下吧!

你的表扬有效吗?

父母常常用"小宝真棒""你真是一个聪明的孩子""你真了不起"之类的话来夸奖孩子。这样的赞美看起来确实是在表扬孩子,但这种表达模糊不清,对于增强孩子的自信心和保持做"好事"的动机的作用却很有限,原因在于:

无法从语言中获得因果关联

表扬会使孩子产生坚持做这些事的愿望,但前提是孩子能够从父母的语言中明确过程和结果之间的联系,他能懂得是什么行为可以获得赞赏,从而产生坚持下去的动力。

感受不到父母的真诚

随着孩子判断力的增强,他可能认为笼统、模糊的表扬很敷衍,只是大人鼓励自己的口头禅,不是发自内心的赞美。

给孩子造成心理压力

如果孩子只是得到"好宝宝"这样的赞赏,可能会认为自己值得表扬是天生的,而不是通过努力获得的,这会让他害怕自己所做的事暴露自己"不是好孩子",产生心理压力。

给孩子的表扬要具体、可信

想要让表扬起作用，在表扬孩子时就要做到具体、可信，这样孩子才能牢记正确的做法，并产生坚持下去的动力。

具体、可信的表扬是这样的：使用描述性的语言，描述孩子的行为，肯定孩子自身的努力，赏识孩子的行为过程，激发孩子的兴趣和动力。什么是描述性的语言呢？比如：

> 儿子用积木搭了一个建筑物给妈妈看，问妈妈："我搭了一座城堡，妈妈你看好看吗？"妈妈回答："妈妈看到你搭的城堡了，它很高大，有彩色的城墙，有宽敞的房间，城堡前面还有宽阔的广场，我觉得如果王子和公主生活在这个城堡里，一定会很开心。"

上面妈妈的回答使用的就是描述性语言。听到父母这样的赞扬，孩子多数会被激励，因为这会让孩子产生共鸣，感觉被肯定，从而有了信心，乐意去做更多类似的事情。下面提供了一些描述性赞扬的话语，父母可以试着这样表扬孩子：

- "你刚才一定十分努力，才把拼图完成得这么出色。"
- "你今天把玩过的玩具自己收到了柜子里，干得不错。"
- "虽然你从前不喜欢一个人睡觉，但昨天你还是尝试了一下，妈妈觉得你很勇敢。"
- "你今天将客厅的地板打扫得很干净，真能干。"
- "虽然没有获得满分，但是有进步，爸爸看到了你这学期的努力，为你感到骄傲。"
- "你会自己用筷子吃饭了，宝贝不知不觉长大了呢。"
- "你今天看了半小时的动画片后就去写作业了，真的很自觉。"
- "今天小冬来找你，你拿出喜欢的玩具和他一起玩，妈妈觉得你做得很棒。"

要想使用描述性的语言称赞孩子，父母就要积极发现孩子优秀的一面，但有的父母往往觉得找不到孩子值得表扬的优点，这该怎么办？不妨按照下面的方法来做做看。

用全面的眼光看待孩子

父母不要只是盯着孩子的学习成绩，孩子的生活作息、自理情况、文明礼貌、兴趣爱好、卫生习惯等，都是可以评价的因素。比如孩子自己整理好了房间，玩游戏时有创新的想法，见到邻居礼貌地问好，父母都可以适时地表扬。父母看孩子的面宽了，就不难发现孩子值得表扬的方面了。

不要只关注行为的结果

父母不要只看到孩子行为的客观结果，还要多关注孩子付出的努力，即使他们做得不那么尽善尽美。比如，"这道数学题很难，虽然你没能解出来，但你认真思考了"。这样的表扬是对孩子行为过程中的努力程度或运用的方法进行的肯定，孩子会倾向于鼓励自己继续努力，并预期下一次能成功。

小小的进步也值得表扬

父母不要非等到孩子做出一番大事时才表扬他，只要他有所进步，都应适当地给予表扬，来激励孩子做得更好。尤其是那些少有出色表现的孩子，他们往往缺乏自信，更希望父母认可自己的努力。即使他们没有达到父母心目中的要求，父母也不要吝啬自己的表扬。

> **温馨提示**
>
> 父母不要为了表扬而表扬，如果孩子表现得并没有那么好，只需要关注与称赞他们的努力即可。因为虚伪的表扬不但起不到让孩子树立自信心的作用，还可能会让孩子以为父母在嘲讽自己，从而产生抵触情绪。

惩罚孩子要得当

即使是再乖巧的孩子,也难免会有犯错的时候。作为父母,在孩子出现错误言行的时候及时给予适当惩罚,既是负责任的表现,也是规范孩子行为的有效手段,但惩罚孩子也要讲究一定的方法。

惩罚时机要注意

惩罚孩子要把握合适的时机,父母应尽可能在孩子刚犯错误时就立即指出其错误所在和应该承担的后果。一般来说,这时候惩罚容易引起孩子的自责,加深孩子对错误的认识和记忆。如果事情过去几天或者几周再进行惩罚,孩子会搞不清为什么受惩罚,即使知道也不会有强烈的感受。当然,如果当时的情况不适合惩罚孩子,比如有客人、有急事、孩子生病等,就要暂时放一放。

惩罚原因要讲明

惩罚孩子的目的是让孩子不再犯类似的错误,因此,让孩子明白自己受罚的原因才是根除错误的关键。在对孩子进行惩罚前要讲明道理,让孩子知道自己具体错在哪里,为什么惩罚他,让孩子明白你是在针对"他做的事",而不是针对"他这个人";惩罚后,再强化一次,确认一下孩子是否记住了自己错在哪里。这样孩子既改正了错误,又明白了事理,真正达到了教育孩子的目的。

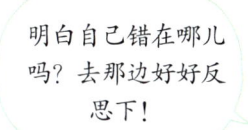

> 明白自己错在哪儿吗?去那边好好反思下!

惩罚方式要相关

孩子犯了错误需要惩罚时,应针对所犯错误情况采取惩罚措施。这个惩罚措施应该是和他的行为有所关联的,不要拿无关的事来惩罚孩子。比如孩子故意将故事书撕坏，可以惩罚他从现在起三天之内不许看故事书，也不能听故事，而不能罚他去做家务、取消零用钱、罚站等，这些无关的惩罚方式容易适得其反。采取与孩子行为相关的惩罚方式才能让孩子直观地理解他犯错的结果，减少今后再犯的可能。

惩罚轻重要适当

惩罚孩子是为了引导孩子向好的方向改变，如果惩罚过重，孩子想到的可能不是"我做得不对，所以爸爸（妈妈）才惩罚我，我以后一定要改正"，而是会对父母产生恐惧或不满的情绪，甚至直到长大成人仍对父母心存怨恨。如果惩罚得太轻了又不足以使孩子引以为戒，所以惩罚轻重一定要适当，必须合乎孩子的行为。要做到这一点，需要父母注意以下方面：

- 惩罚要慎用，不要管得太多、太琐碎，否则容易让孩子成为"老油条"。
- 惩罚不能对孩子造成精神伤害，避免恶语中伤或体罚孩子。
- 不要严厉惩罚孩子的第一次错误，因为孩子第一次犯错往往是不自觉的或无意识的，这时候"宽容"的惩罚能起到更好的引导效果。
- 惩罚孩子时，要"就事论事"，不要拿其他错误加重对他的惩罚。
- 惩罚标准要统一，不能依据自己情绪的好坏而随意惩罚孩子，这容易使孩子养成看父母脸色行事的习惯。

惩罚内容要兑现

惩罚一定要言出必行，假如父母警告过孩子当他犯某一种过错时要惩罚他，那么在他犯错后，父母就一定要兑现惩罚。如果"只打雷，不下雨"，次数多了孩子便会意识到父母的话不用太当真，孩子的负罪心理也会随着父母的不重视而消失殆尽，收不到任何教育效果。当然，兑现惩罚的前提是把要求对孩子讲清楚，让他记在心上，他犯了再惩罚，不可不教而罚。

换一种方式拒绝

很多时候,做父母的出于种种原因不得不拒绝孩子的要求,而一旦父母违背了自己的意愿,许多孩子就会通过大吵大闹、发脾气、不理人来反抗。比如下面这些情况,相信很多父母都遇到过:

> 吃饭时想看动画片,父母不同意就生气得干脆不吃饭;
> 要买一个很昂贵的玩具,父母不给买便在地上哭闹打滚;
> 早上想赖床,被拒绝后就哭闹着不肯去上学;
> 在超市吵着要买垃圾食品,不买不肯走;
> 想看电视不想写作业,被拒绝后朝父母大喊:"我讨厌你。"

这些情况让即使再有耐心的父母也头疼。那父母该怎么办?对孩子言听计从?当然不行,那样会造就一个被宠坏了的"小霸王"。其实,家长可以换一种孩子可以接受的方式去拒绝他们的要求。

用"可以"代替"不行"

大多数孩子都难以接受一个冷冰冰的"不"字,这会引起他们的逆反心理,使他们变得蛮不讲理。拒绝孩子的同时让他乖乖听话的一个窍门是:对孩子提出的要求,父母不能满足或不应满足时,用"可以"来代替"不行"。

有这样一个情景,妈妈拒绝儿子买玩具的要求,因为家里已经有很多玩具了,而且昨天刚买了一个新玩具。妈妈的拒绝在情理之中,但儿子显然不高兴,而且开始大发脾气。

其实,妈妈简单地改变一下说话方式,结果就会好很多。例如,妈妈

用"可以"拒绝孩子今天买玩具的请求，并许下生日时会买给他的承诺。孩子知道妈妈听进去了他的愿望，尽管他当天无法得到这个玩具，但他能感觉到妈妈尊重了他的意愿，会更乐意合作。当然，孩子继续哭闹着要玩具也有可能的，此时妈妈不妨试试下面的方法。

用提问来表达拒绝

如果妈妈拒绝孩子今天买玩具的要求，但孩子还是哭着喊着"我不要等到过生日，我就是想要今天买"，这时候他可能听不进去任何解释，不管妈妈的解释多么合理。妈妈不妨向孩子提问，让他回答自己的问题，从而慢慢接受这个现实。用提问来表达拒绝：

> 妈妈：宝贝，妈妈知道你喜欢这个玩具，但你还记得今天是来做什么的吗？
> 孩子：是出来买菜的。
> 妈妈：是的，你原本也没想要买玩具对不对，因为你已经有了很多玩具，有"迷糊兔""勇敢号小火车"，还有和这个遥控车很像的玩具叫什么来着？
> 孩子：是"大黄蜂"。
> 妈妈：是呀，你已经有"大黄蜂"了，今天让"大黄蜂"陪你玩好吗？
> 孩子：可是我也喜欢这个。
> 妈妈：妈妈会记住你很喜欢它，等你生日的时候妈妈把它作为生日礼物送给你好不好？
> 孩子：好吧……

通过提问，孩子在不知不觉中把妈妈的话听了进去，慢慢地会接受妈妈的建议，即使孩子还是会不高兴。当然，对任何人而言，不管是基于什么理由，得不到自己想要的东西都多少会有小情绪，更何况是心智不够成熟的孩子。因此，孩子最后愿意听话就足够了，不要指望他没有满足愿望还能兴高采烈。

安抚孩子前，先控制自己的情绪

每个做父母的可能都明白安抚孩子前要控制好自己的情绪这个道理，也经常跟孩子说发脾气、哭闹解决不了问题，但真正面对满地打滚、撒泼耍赖、油盐不进的孩子时，有多少人能控制得了自己的"小宇宙"不爆发？

当人处在发火的状态时，思维会简单化，说话、做事不经大脑，这时肯定无法以理性的方式来管教孩子，事后家长又会因没有控制住自己的情绪而自责。有什么办法能改变这种情况呢？

允许孩子发泄情绪

首先，做父母的得承认，哭闹是孩子释放负面情绪的正常反应。孩子的理解能力不比成年人，当他感到自己的愿望没有得到满足时，会很难保持理智，父母要尊重孩子的成长规律，允许孩子发泄情绪。有了这个认识，才能帮助自己控制好情绪。

给自己心理暗示

每天睡觉前或起床后，给自己一些心理暗示：不要对孩子发脾气，不要和孩子说气话，那样只会让事情恶化；只有自己冷静，才能帮助孩子控制好情绪，并尽快消除伤心、失望、愤怒等负面情绪。

离开"案发现场"

觉得自己控制不住要对孩子发脾气的时候，离开现场，到一个自己觉得舒适放松的地方待一会儿，冷静一下再和孩子好好谈心，当然前提是要保证孩子的安全。

用深呼吸转移注意力

相信许多人都听过这样的建议：控制情绪的有效方法就是"深呼吸，数到10"。深呼吸有利于释放压力，数数能让人的注意力从当前的事情上暂时转移10秒，体内肾上腺素将随之减少，人的怒气也会下降。因此，安抚孩子前，先深呼吸，数到10再开口。

无规矩不成方圆，事先定好规矩

许多父母都很头疼这种情况：让孩子停止手中的事去做另一件必须做的事，比如从玩玩具、看电视到去写作业、睡觉的时候，孩子往往会无视家长说的话，家长不停地重复、唠叨、威胁，甚至咆哮，往往还没有效果。为了防止这类不愉快的发生，一个好办法就是事先定好规矩。

为什么要事先定好规矩

一说到规矩，可能许多人首先想到的是限制，但其实规矩能给孩子带来安全感。无论是大人还是孩子，都会担心自己不喜欢的事情发生，如果能预见将来可能发生的事，精神上就会放松很多，对于孩子来说尤其如此。

事先给孩子定好规矩，能让他知道该做什么、不该做什么，可以期待什么、等待什么，而不是反复地试探父母的底线。比如吃完饭后可以吃零食，写完作业能看半小时电视，在外面玩到了吃饭的时间要回家。对于孩子来说，这些生活中的规矩，这些规律性出现的事情，就是安全感的来源。感受到安全感，孩子才会愿意与父母合作。

怎样定好规矩

为了使定好的规矩顺利得到遵守，不需要家长大声、不耐烦地重复指令，在定规矩时就要做好以下几个方面：

规矩要明确、具体

明确、具体的规矩才能让孩子知道如何遵守。比如孩子在玩玩具，妈妈虽然不断地催促他去睡觉，但孩子可能理解为：为什么我现在应该去睡觉？我必须立即去睡觉吗？如果是，那为什么妈妈还能一直让我玩呢？如果不是，为什么妈妈又一直催我呢？妈妈一开始就需要告诉孩子的是："再玩5分钟，就上床去睡觉，因为已经到睡觉时间了，否则明天就会没有精神。"

约定不遵守规矩的后果

指望规矩定好之后孩子乖乖遵守，这是不现实的，因此，提前约定好不遵守规矩的后果就十分必要了。比如之前的例子中，妈妈催促孩子5分钟后去睡觉，可以坚定地告诉他："再玩5分钟就要去睡觉，9点半关灯，如果到时不去睡觉那你就自己在黑暗中待着。"如果5分钟过后孩子还是在玩玩具，妈妈可以再提醒一次："5分钟到了，现在把玩具收好，你要去洗漱，准备睡觉。"如果孩子听话地去洗漱睡觉，可以对孩子进行描述性的表扬；如果孩子还是一动不动，妈妈就要兑现不遵守规矩的后果。

让孩子参与制定规矩

在制定规矩时，让孩子参与进来，一方面能让他对规矩的印象更深刻，另一方面也能加强他不遵守规矩时的内疚感，更为重要的是，协商的结果比较容易得到执行。比如妈妈给孩子定的规矩是晚上9点必须上床睡觉，为了让事情更好办，妈妈可以和孩子商量："我提醒你去睡觉的时候你可能想再玩一会儿，我可以提前提醒你，你希望我提醒你几次？"

让孩子复述定下的规矩

规矩定好以后，父母可以让孩子简单地复述一下规矩的具体内容，这样可以确定孩子是否真的明白了父母说的话，也让他更有可能自觉遵守约定，进而达到理想的目标。

给孩子纠错时,父母先认错

在孩子的成长过程中,面对孩子的过错,明是非的父母一般都会鼓励孩子勇敢承认自己的错误,并教育孩子"知错就改",但父母在纠正孩子错误的过程中往往不那么顺利。

孩子不承认错误

由于孩子的心智不成熟,他们往往很难完全理解自己的言行给其他人造成的影响,在家长指出他们的错误时,他们只会觉得自己在被指责。他会感觉自尊心受到了伤害,并害怕受到训斥或惩罚,从而想尽办法为自己开脱,甚至撒谎、埋怨别人。

父母自己先认错

孩子明明做错事了,可就是不承认,和孩子讲道理,孩子就是不听。怎么办呢?在纠正孩子的错误时,父母不妨自己先认错。

很多时候孩子的问题都不是孩子自己一个人的问题,父母多多少少都有责任。只是有时候,孩子需要承担更多的责任。即使这样,父母也应该先承认自己的错误。因为当孩子看到父母主动承认错误时,他们就会明白犯错了承认错误是一件很正常的事,也会对父母的教育心悦诚服。

当然,即使父母先认错,孩子也可能坚持不承认自己的错误,他们还在担心受到责罚。这时候,父母不要立即切换到"发飙"模式,而是要耐心地告诉孩子即使自己知道了真相也不会生他们的气,相反,爸爸妈妈会因他们的诚实而骄傲。当孩子愿意承认自己所做的事后,父母要用描述性的语言赞扬孩子,同时引导孩子思考自己言行的前因后果和对别人造成的影响,教孩子真心实意地反思自己的错误并承担后果。

孩子间争吵时，少一些干预

如果一个家庭拥有不止一个孩子，即使他们再乖，孩子间的吵架和打闹也几乎是难以避免的。如果父母干预太多，可能适得其反，让孩子独立解决纠纷才会对他们的成长有益。

为什么要让孩子独立解决纠纷

孩子之间偶尔的争吵原本就是很正常的，在争吵和解决问题的过程中，孩子不仅可以学会维护自身权益，还能明白一些生活道理。

如果父母参与孩子的纠纷，事情的发展可能就不那么令人满意了。图中的情景，可能是两个孩子在争抢中把飞机摔坏了；也可能是一个孩子先惹了另一个，另一个一生气把飞机模型摔坏了。在这种兄弟姐妹的争吵中，往往没有绝对的谁对谁错。父母想要澄清事实、分清责任，难度是很高的。即使父母自认为弄清了事情的来龙去脉，并公平地进行了处理，受责备的孩子也可能认为父母偏袒了另一方，觉得自己受了委屈，从而生父母的气、生兄弟姐妹的气，甚至产生怨恨情绪。所以，对于孩子间的争吵，父母应尽量少一些干预。

怎样让孩子和睦相处

让孩子独立解决纠纷并不意味着父母在孩子们的相处问题上无所作为，家长可以从以下几个方面入手，让孩子们之间多一份和睦，少一些争执：

- 平时与每个孩子都要有独处的时间，倾听每个孩子的感受。
- 关注孩子之间的争吵，尽量不干预，必要时可以引导并帮助孩子寻找解决纠纷的方法。
- 公平对待每个孩子，不要偏袒任何一方。
- 用心观察孩子的表现，对他们分享、互助的良好言行适时地进行表扬。

玩游戏时，不必时刻让着孩子

陪孩子玩游戏时，许多父母都有一个疑问：我必须让着孩子吗？父母希望孩子通过赢得游戏增强自信，担心失败会挫伤孩子的积极性和自信心，于是最后几乎都会选择让着孩子。

经常让着孩子容易让他"输不起"

许多父母都应该遇到过与下面的事例类似的情形：

> 5岁的妞妞和妈妈一起玩飞行棋，两人约定谁的4架飞机先进入大本营谁就算赢，结果妈妈赢了，妞妞耍赖说："不行，那不算。"妈妈当然不同意，可妞妞开始又哭又闹，她只好说："这次算你赢了。"以后，每次跟妞妞玩时，妈妈怕她哭闹，总是故意输给她。

父母如果因为怕孩子输了哭闹、产生挫败感、丧失自信心，就经常性地让他赢，那么孩子只会越来越输不起。固然获胜的成就感可以让孩子增强自信，但没有经受过失败的"自信"是无本之木。一个人不可能永远都是赢家，在家中父母可以让着他，但等到他走出家庭，进入学校，就必然会经历挫折和失败，父母必须让孩子学会怎样应付"输"的局面。

孩子需要成功和失败的双重滋养

在玩游戏时，父母不需要刻意地让孩子赢或输，而应给他公平取胜的机会。如果父母选择的游戏是适合孩子年龄的，那么孩子总有机会赢，比如剪刀石头布、抽牌比大小这种游戏。

如果选择的游戏中，成人在智力和体能上的优势让孩子没有机会赢，那么父母应事先为自己制定一些"不公平"的规则，让孩子有机会公平取胜。比如与刚学会下象棋的孩子下棋时，父母可以先拿掉自己几个棋子；与孩子比赛爬楼梯，可以让他从楼梯中间开始爬。

父母做出让步的同时要向孩子解释清楚：在这个游戏中，因为爸爸妈妈经验更丰富（体力更充沛），所以才会做出一些特殊的让步。不要让孩子认为父母必须一直让着他。随着孩子逐渐长大，父母可以根据孩子的情况慢慢减少这些让步，同时赞扬孩子的每一点进步。

让孩子学会应付"输"的局面

玩游戏输赢不重要，重要的是孩子能从中学到什么。然而这只是家长关注的重点，孩子显然不会这么"超然"，失败的感觉会让他们沮丧、难过，甚至需要通过哭闹来发泄。引导孩子坦然面对失败，尽快从失败的糟糕情绪中走出来就成了父母必须做的。

父母做好示范

孩子对待输赢的情绪，取决于父母的态度。父母赢了以后不去挖苦嘲笑对方，输了不发脾气，可以给孩子起到很好的表率作用。

提前给孩子做心理建设

如果担心孩子因输了而不高兴，可以在游戏前询问他如果输了会不会哭，或者如何面对，让孩子做好准备，他就不会那么害怕失败了。

平淡看待孩子输赢的结果

在孩子获胜的时候，父母不要总是说"太好了，你赢了"，这其实是在向孩子暗示"赢"的重要性。父母应多夸奖孩子在游戏过程中的认真、细心、努力、坚持、有团队意识等品质。

安抚哭闹的孩子

孩子总是会在意输赢的，在孩子因为输了而烦闷甚至哭闹时，父母要设身处地安抚孩子的情绪，可以蹲下抚摸孩子的头和背，轻声说："宝贝已经很努力了，但还是输了，哭一会儿吧，没关系。"等孩子平静一些后，再用描述性的语言肯定孩子的优点和进步，并且让孩子明白：游戏是有规则的，在规则之下，每个人都有获胜的机会，耍赖是没有用的。孩子或许依然会不高兴，但至少不会发脾气。

如何解决育儿难题

育儿路上总会遇到一些难题，像下面这些案例，相信许多父母都觉得似曾相识或正在经历，如何解决呢？一起来看看吧！

黏人

> 明明1岁半了，从出生后就主要由妈妈带。明明特别喜欢黏着妈妈，只要妈妈在家，就要让妈妈抱他，只跟妈妈玩游戏，只让妈妈帮他洗漱，晚上睡觉时，更是只要妈妈，换谁都不行。在家里如此，到了外面明明更是寸步不离妈妈，就算是去玩明明喜欢的游乐项目，也一定要妈妈在旁边陪着才能玩得开心……

明明的表现就是令很多父母都头疼的孩子黏人现象。许多孩子都有过黏着妈妈或其他看护人的表现，只是程度不一而已。1~2岁，尤其是1岁半左右，是孩子黏人的高峰期。这个年龄段孩子黏人的程度可能让很多父母心力交瘁，甚至出现情绪失控。

孩子黏人是对安全感的需求

孩子黏人其实是十分正常的一种成长现象，这来自基本的安全需求。孩子出生后，缺乏基本的生活自理能力，必然会对长期照顾他的人形成依赖。看护人给予孩子爱与情感上的满足，会内化为孩子的安全感。当孩子有安全需求时，他就会返回看护人身边。

3岁之前安全感的建立对孩子一生的心理健康都十分重要。孩子有了安全感，才能在陌生的环境中克服焦虑和恐惧，去探索周围的新鲜事物，并且发展社交能力和认知能力。没有安全感的孩子，不仅不能在儿童时期跟小朋友建立安全的、亲密的人际交往关系，甚至在他进入社会以后，他在待人接物、恋爱结婚、育儿等方面都可能出现各种问题。

帮助孩子降低"黏性"

对于孩子的黏人行为，如果经过正确的引导，孩子能够适应，并且不过度影响他的行为的，是正常的"黏"。对正常的"黏"，父母要尽量满足；对过度的"黏"，父母一定要采取适当方法，帮助孩子降低"黏性"。

要点一：尊重孩子的独立意识

孩子长到1岁左右，独立意识开始萌芽，开始尝试自己拿着勺子吃饭，想要自己洗手等。家长要尊重孩子的独立意识，允许孩子自己动手，鼓励孩子大胆独立地去探索。

要点二：多培养孩子的兴趣

有计划地带孩子外出，让孩子多接近大自然，多接触其他人，让孩子的接触面更宽、更广，黏人的行为可能就自然而然地消失了。

要点三：以稳定的情绪陪伴孩子

父母不要心情好时就耐心地被孩子"黏"，心情不好时就把孩子一把推开，这样会使孩子安全感下降，增强孩子的"黏性"。对待过于黏人的孩子，父母也不能火气一上来就吓唬、训斥他，更不能惩罚他，这样反而会形成恶性循环。

要点四：营造温馨的家庭氛围

父母尽量不要在孩子面前争吵，给孩子创造一个团结、和睦、亲密、稳定的生活环境，才能让孩子在心理上觉得更为安全。

要点五：让孩子懂得父母是爱他的

经常和孩子说说话，给孩子唱唱歌，适当地抱抱孩子、亲亲孩子，借由这些亲子之间的情感交流让孩子感觉到父母的爱，这时候他就会觉得安心，不那么黏人了。

要点六：创设分离的机会

如果孩子特别黏人，父母要适当创设短期分离的机会，循序渐进地引导孩子适应分离，减少黏人的频率。在离开前，父母可以向孩子解释自己要做的事，1岁的孩子已经能听懂父母简单的话语。

比如，可以先陪孩子做一件事，当他把注意力集中到当下时告诉他："妈妈需要忙点别的事情，宝宝自己玩一会儿，妈妈就在旁边。"通常情况下，孩子是会同意的。如果孩子不同意，妈妈要用温和坚定的口吻告诉孩子："我只是暂时离开，等一下就会回来，我不会消失不见的。"必要时可以用拥抱、亲吻、抚摸等方式安抚孩子的焦虑情绪。等回到孩子身边时，要对他说："你看，妈妈回来了，妈妈答应过你的。"让孩子明白，父母不会抛下他。形成习惯后，孩子就会信任父母，并减少黏人了。

温馨提示

父母不要因为担心离开的时候孩子黏着甩不掉，就趁孩子睡着或不注意的时候偷偷地走掉，这样会让孩子失去安全感，担心父母突然消失不见。

自卑

> 小灿今年上三年级了,他一直是个听话、懂事的孩子。父母工作比较忙,平时小灿都是由爷爷奶奶带。小灿无论是学习还是生活上都做得很好,从来不让父母操心。只是他平时总是不声不响的,既看不到他和小朋友一起玩,也不见他露出笑脸。小灿自己在家的时候唱了很多儿歌,可当家里来了客人叫他唱一首时,他就直往爷爷奶奶背后躲。在学校上课时,如果被老师点名回答问题,他常常憋半天说不出一句话,小脸也涨得红红的,明明作业都做得很好,但就是不敢当众回答问题。

从以上事例不难看出,小灿是个自卑的孩子。不愿与人交流、经常无理由地出现情绪低落、不喜欢交朋友、不敢在他人面前表现自己,这都是小灿隐含强烈自卑心理的表现。小灿的自卑与缺少父母对他的关爱和认可有关,而这也是其他许多孩子自卑心理的主要来源之一。

帮助自卑的孩子重拾自信

自卑的心理对于孩子的成长非常不利,作为父母要多关注自己的孩子,一旦发现他有自卑的倾向,应尽早帮助他重拾自信,以免随年龄的增长,最终让孩子形成自卑的性格,影响其一生的心理健康。

要点一：多与孩子进行情感交流

每个孩子都有情感需要，特别是对父母的情感需要。父母平时要多与孩子进行情感交流，认真听孩子讲话，帮助孩子排解消极情绪。

要点二：保护孩子的自尊心

帮助孩子建立自信，首先父母要保护孩子的自尊心。如果父母总是拿别人的优点和自己孩子的缺点比、经常当着他人的面数落孩子的不是、给孩子随意地贴标签等，就会严重挫伤孩子的自尊心，让孩子越来越自卑。

要点三：给孩子无条件的爱

"好好学习妈妈才喜欢你""你不听话爸爸妈妈就不爱你了"，这样的话即使父母只是说说而已，可是在孩子的潜意识里，他会认为父母给自己的爱是有条件的，他会怀疑自己，对自己失去信心。"不管你是什么样的孩子，爸爸妈妈都会永远爱你"，只有这种无条件的爱才能让孩子心里踏实、有底气。

要点四：经常赞赏孩子

在大多数情况下，孩子受到的表扬越多，他们对自己的期望就越高，就会产生很强的自信；相反，受到的表扬越少，随之产生的自我期望和努力就越低，从而越来越不相信自己。所以，父母在生活中应当对孩子多一些赞赏，少一些指责。

要点五：给孩子充分的信任

也许是觉得孩子年龄小，不成熟，做父母的常常会有意无意地表达出对孩子的不信任，对他所说的话产生怀疑，对他的一举一动都严加"盘问"。这种不信任会让孩子觉得自己一无是处，父母只有给予孩子充分的信任才能让他更自信。

要点六：帮助孩子开阔眼界、提升能力

有的孩子自卑与他们知识缺乏、能力不足有关。一群孩子聚在一起谈天说地，有人讲得绘声绘色，自己却一无所知；和小伙伴一起出去运动，别人踢球踢得有模有样，自己却磕磕绊绊。这样一对比，孩子自然会感到自卑。父母要有意识地开阔孩子的眼界，提高孩子的各种能力。

嫉妒

> 贝贝是家里的独生女，自幼得到爸爸妈妈、爷爷奶奶的娇宠，想要什么有什么，想干什么就干什么。在学校，贝贝的学习成绩也很好，经常得到老师的夸奖。渐渐地她的性格变得异常的争强好胜，一旦发现身边的小伙伴有优于自己的地方，她就会嫉妒、生气。有一次考试，同桌小文的分数比她高，她就在背后议论小文的字写得丑，分数高是运气好。班主任选了其他同学做班干部，没有选她，贝贝就不服气地说："我奶奶说了，学习好就行了，其他事别管。"由于贝贝处处争强好胜，同学们都觉得她仗着学习好，谁也瞧不起，都不愿意理她。

她的字写得可丑了，这次肯定是她的运气好。

事例中的贝贝一直以来都得到家人的娇宠、老师的喜爱，造成了她凡事以自我为中心，眼界狭小、虚荣心强，容不得别人有强于她的地方，这是典型的嫉妒心理。

嫉妒是一种具有普遍性的情感

嫉妒是人类心理本能的表现，不管是幼儿还是成人都会有嫉妒之心。在孩子身上更容易产生嫉妒，因为孩子往往是以是否符合自己的意愿为标准，简单地对事物进行分类。当他们发现别的孩子有强于自己的地方时，比如老师表扬了别人没有表扬自己、其他孩子拥有自己没有的玩具，他们就会因外界的因素没有符合自己的意愿而不满，这种不满就是嫉妒。

成人往往会考虑各种因素而尽量掩饰自己的嫉妒心理，而且大都会自行找到合理途径宣泄，不会把嫉妒转化成实质性的伤害。孩子由于认知水平有限，他们往往会做出打骂、破坏等行为以宣泄情绪，尽管这往往并不奏效。

及时化解孩子的嫉妒心理

虽说嫉妒是一种可以理解的正常情绪反应，但如果任其存在并不断加深，就会演变成一种病态心理，影响孩子对事物的正确认知和正常的人际交往。作为父母，应该及时帮助孩子化解嫉妒心理。

要点一：丰富孩子的精神生活

孩子的精力充沛、情感丰富，他们极易受到暗示，可塑性大。父母可以利用闲暇时间多陪孩子进行有益身心的活动，如进行体育锻炼、做科学小实验、参观博物馆、参加儿童主题活动等，开阔孩子的视野，丰富他们的精神生活，增强其心理适应能力，抑制嫉妒情感的萌芽。

要点二：帮助孩子进行正确的自我评价

"尺有所短，寸有所长。"父母应该告诉孩子任何人都有其长处和不足，谁都不可能拥有全部的关注、占尽所有的优势。即使别人在某一方面超过你，你的长处也不会因此减少，你的价值依然存在，没有必要背上"我必须事事比别人强"的心理负担，更不必因别人的长处否定自己。同时，父母还要教孩子正视自己的长处和短处，靠自己的努力扬长避短，让孩子在正确认识自己的过程中削弱嫉妒心。

要点三：改变不恰当的激励方式

有的父母喜欢拿"别人家的孩子"的长处来对比自己孩子的短处，"你们一个班的，怎么婷婷每次考试都比你考得好呀？"类似这样的话相信不少父母都说

过。也许父母的初衷是激励孩子，但这种比较很容易使孩子因自尊心受伤而产生嫉妒心理。所以，父母即使想要通过给孩子树立榜样激励他，也要避免不公正的评价，以免适得其反。

要点四：倾听孩子的心理感受

孩子要是嫉妒别的小朋友，通常会通过具体的言行直接发泄出来，这反映出来的不是道德败坏、品行低下，而是一种本能。所以，当父母发现孩子为嫉妒所困时，不要一味责骂，而应做孩子忠实的听众，理解孩子无法实现自己的愿望所产生的痛苦情绪，探寻孩子嫉妒的原因，并耐心地疏导孩子的嫉妒心理。

要点五：帮孩子树立自信

孩子嫉妒心理的产生，多数是由不自信造成的。孩子越是不自信，就越是会全力维护自己，于是便可能采取贬低他人的方式来补偿自己失衡的心理，就在这样的过程中产生了嫉妒心。因此，父母要经常给予孩子积极的赞赏和鼓励，培养孩子的自信心，这样孩子就不容易产生嫉妒心理了。

要点六：父母要以身作则

孩子的嫉妒心与父母的表现有密切关系。如果父母在孩子面前总是表现得心胸狭隘、斤斤计较，往往也会给孩子带来潜移默化的不良影响；相反，如果父母心胸开阔，那么孩子也会养成豁达的性格。因此，在培养孩子养成积极乐观的性格的同时，父母自己也要做个开朗、豁达的人。

爱顶嘴

> 豆豆今年6岁，豆豆妈发现豆豆最近越来越爱顶嘴了，让她做什么她能找出好多个理由来反对，豆豆妈经常气得暴跳如雷。这天降温，为了劝豆豆多穿一件毛衣，豆豆妈又与豆豆打了一场"嘴仗"。
>
> 豆豆妈："豆豆，今天天气冷，把这件毛衣穿在里面。"豆豆："不穿，我一点都不冷。"豆豆妈："屋里不冷，出去就冷了，赶紧穿上。"豆豆："就不穿，昨天就没穿。"豆豆妈："今天降温了，不穿毛衣会着凉的。"豆豆："太难看了，我不穿。"豆豆妈："你怎么这么不听话，我这是为你好，你不穿要是感冒了就送你打针去。"豆豆："我有我的理由，你为什么都不听我的？"豆豆妈怒了："你总是这样跟我顶嘴，是不是找打？别废话了，赶紧给我穿上！"在妈妈拳头的威慑下，豆豆不情愿地穿上了毛衣。

在孩子成长的过程中，随着自我意识的逐渐增强，他们开始希望独立，不愿处处受人管制。如果这时父母对孩子照顾、干涉过多，他们就会特别反感，其突出表现是不听指挥，自行其是，经常跟父母顶嘴，令父母头疼不已。

抚平孩子爱顶嘴的逆反心理

孩子与大人顶嘴并不完全是坏事，这说明孩子的独立思考意识正在增强，有了自己的主见和想法，但顶嘴不是解决问题的好方式，一旦习惯成自然，将会影响孩子将来人际关系的建立。那么面对顶嘴的孩子，父母应该如何应对呢？

要点一：注重言传身教

孩子的模仿能力很强，如果父母自己时常顶嘴，那么在教育孩子时，自然会遭到反抗和顶撞。因此，父母要以身作则，平日多规范自己的言行，即使存在分歧，也尽量不在孩子面前争吵，而是通过协商解决。

要点二：控制好自己的情绪

孩子顶嘴多半是由于他们还没学会恰当地表达，父母要保持冷静，耐心引导孩子正确表达自己的意愿。如果这时父母大发雷霆，孩子的态度也会越来越恶劣，最后两败俱伤。像事例中的豆豆妈就没有控制住情绪，虽然用连吓带骂的方式逼得孩子就范，但孩子的逆反心理并没有减轻，下次再有类似情况孩子可能还是会习惯性顶嘴。

要点三：提醒孩子改变说话方式

当孩子胡搅蛮缠、强词夺理或使用不礼貌的语言争辩时，父母要明确地告诉他："我不喜欢你说话的方式，你可以换一种口气用你的道理慢慢说服我。"或者告诉他："我知道你现在很生气，等你冷静下来我们再谈好吗？我会等着你。"当孩子开始以礼貌的语言和自己交谈时，父母也要及时地对他表示肯定。

要点四：尊重孩子

如果父母总是一副高高在上的样子，用命令的口气跟孩子说话，时间长了就会让孩子形成逆反心理，顶嘴就成了不可避免的事。父母要学会尊重孩子，对想让孩子做的事可以采取商量的方式，多去了解孩子的想法。当然这是就非原则性问题而言，对原则性问题，父母要有坚定的态度。让孩子知道，胡搅蛮缠要承担后果，顶嘴耍赖是没有用的。

爱说谎

> 丽丽刚上小学一年级,最近丽丽的妈妈发现自己的女儿有个爱说谎的毛病。她总是今天说肚子疼,过两天又说头痛。开始时大人们还真担心丽丽哪里不舒服,就带她去社区医院检查,往往检查也没什么问题,就让丽丽待在家里休息。丽丽的妈妈发现,原来丽丽是装病的,就是为了能不去学校,爸爸知道后气得狠狠地打了她一顿。正好学校的老师也向丽丽的父母反映,丽丽因为爱说谎在学校遭到一些同学的排挤,明明是她把同桌的书弄掉地上的,却推说是别人弄的,借了同学的文具不还,还说"已经还给你了",弄得很多小朋友都不喜欢她。

不是我干的,我什么都不知道。

父母们也许都记得《木偶奇遇记》里那个一说谎话鼻子就会变长的匹诺曹,以及《狼来了》中那个因说谎而被狼咬死了所有羊的小牧童。在这些故事的影响下,父母会觉得孩子说谎是个"恶习",并为此忧心不已。其实父母大可不必过于惊慌,说谎是儿童心理发展的必经之路,是自发而普遍存在的,无关成年人心目中的道德理念。

不同的孩子说谎的原因不同。有的孩子说谎是为了逃避大人的责罚,有的是为了达到自己的某一目的,而这一目的通常是不被大人们所允许的,还有的是为了博取大人的关注,也有的是由于记忆失真或者想象上的错误而说出了与事实不相符合的话。总之,孩子说谎很少出于恶意，他们并不是要危害什么，也不理解"说谎"的道德意义。父母不要轻易地将说谎与孩子的品行联系在一起。

强化孩子诚实的品行

孩子的天性是诚实的，他们说谎的原因很简单，有些还是由于父母不当的教育方式造成的。只要父母对他们多一点关注、理解和耐心，让孩子知道必须通过正确途径满足自己的心理需要，他们就会逐渐自我改正。

要点一：不要急于揭穿孩子的谎话

当孩子的叙述和事实不相吻合时，父母不要急于揭穿他，而应站在孩子的角度想一想他为什么要说谎。如果不是什么原则性的问题，就给他一点时间和空间，引导他将注意力集中在事件本身，而不是父母的情绪反应上。孩子放松情绪后，父母再向他暗示正确的做法。如果父母一上来就严词批评，孩子只会更加不安，只好继续用说谎掩饰。

要点二：赞美孩子的诚实

在孩子说出真实情况后，父母一定要赞美他，使孩子相信，与他所犯的错误相比，父母更看重的是他诚实的品行。通过赞美可以使孩子清楚地看到自己的进步，明白"诚实"的可贵，从而明确努力的方向。

要点三：不放纵孩子习惯性说谎

当孩子迷恋说谎，父母就不能太宽容了，要针对孩子说谎的错误给予惩罚，如取消某种活动，让孩子感到说谎比承认错误更"倒霉"，从而对说谎失去兴趣。当然，一看到孩子有好的变化，父母也要及时表扬予以强化。

要点四：做诚实的父母

有时候父母难免说些无伤大雅的谎言，不经意间就会被孩子模仿。比如父母为了拒绝别人的邀请找各种托词推托，孩子看在眼里，当他不想做什么事情的时候，他也会有样学样。因此，父母自己应诚实。

爱打架

> 3岁的乐乐由爸爸妈妈陪着,在一个室内游乐场玩耍。玩完滑梯后,他想去玩一会儿扭扭车,这时,正好另一个小朋友走过来坐到了扭扭车上,乐乐立即抓住扭扭车的扶手冲他大声喊道:"你让开,我要玩。"那个小朋友面无表情,没有理睬。乐乐又喊了一遍,那个小朋友也喊道:"不要,我先玩。"乐乐想要推开他,那个小朋友也不甘示弱,两个孩子就这样打了起来。

许多父母常常为自己孩子这样的"惹是生非"而烦恼,其实孩子之间发生冲突是很正常的事,父母无须过分担心。

理性看待孩子的打架行为

孩子两三岁时,正处于自我意识的发展阶段,这一时期他们都是以自我为中心的,觉得所有好玩的、好吃的都是自己的,所以总是会发生争抢东西的情况;同时,这一时期也是孩子在自己所属群体中探究与人交往、摸索各自特点、体验交流的方式以及学习做人的时期。在与其他小朋友交往的过程中难免发生冲突,在大多数情况下,这种冲突不需要大人的干预,很快就会过去。而且,随着孩子的长大,这种冲突也会逐渐减少。

让孩子学会与小伙伴和平相处

虽说父母对孩子的打架行为不需要大惊小怪,但也不能置之不理。长期的、激烈的冲突会让孩子变得暴躁、失去耐心,并形成易怒的性格,影响孩子的一生。父母要及时进行正确的引导,让孩子真诚友善待人,尊重包容他人,学会自己去解决问题。

要点一:让孩子自己处理矛盾

有的父母一看到孩子与别的小朋友打架,就急着当"法官"评断是非,结果往往导致被伤害的一方更加生气委屈,而另一方因为害怕被指责而焦虑,或因被误解而委屈愤怒,问题根本没有得到解决。有时大人不直接干涉,反倒过不了多久孩子们就会一起开心地玩耍。父母应该让孩子学会自己处理矛盾,而不是每次都出面替他解决,否则,他学不会自己解决问题。

要点二:正确引导孩子

孩子的攻击行为往往是出于保护自己"利益"的目的,在他们看来那并没有什么错。父母的训斥、惩罚只会让他觉得莫名其妙,难有教育意义。父母应该以平和的方式对孩子的行为进行引导。先耐心地询问孩子和小朋友打架的原因,弄清楚后再告诉孩子,骂人和打人都是不对的行为,即使对方做错了,自己也不能做不好的事情。然后父母要告诉孩子下次该如何做,把能具体落实的办法教给他。比如别的小朋友抢走了自己的玩具,可以让孩子告诉对方:"这是我的东西,请你还给我。"让孩子选择用语言勇敢地抗议,而不是简单粗暴地打一架。如果对方很霸道,又有暴力倾向,应让孩子敬而远之或请父母帮忙。

要点三:必要时及时介入处理

如果孩子打架的情况比较严重,那么父母应及时介入,把打架的孩子分开,直到孩子冷静下来再引导他解决问题。如果孩子爱打架已经形成习惯,一时无法通过教育来改正,父母也可以通过一些强制性的手段来帮助他,如短时间内禁止他和小朋友玩耍,没收他喜欢的玩具,禁止他吃喜爱的零食等。

需要注意的是，使用强制手段的同时一定要跟孩子讲道理，不要一句"你自己想想错在哪儿了"就完事了。父母要帮助孩子分析自己的行为错在哪里，正确的行为应该是什么，才能帮孩子取得进步。

要点四：引导孩子学会分享

孩子幼儿时期的交往多以自我为中心，从三四岁开始孩子才有分享、合作等集体意识。父母要适时地引导孩子，让他体验给予、分享的快乐。平时父母可以邀请其他小朋友来家里玩，鼓励孩子把自己的玩具、零食拿出来招待小朋友。在外面或别人家里，如果孩子想玩他人的玩具，告诉他一定要先征得别人的同意后才能玩耍，不能直接争抢。久而久之，孩子自然就有了分享意识，能跟其他小朋友友好相处了。

要点五：减少攻击性行为的刺激

平时少让孩子接触有暴力倾向的电视节目，暴力情节看得多了他自然会模仿。如果不慎让孩子看了有暴力情节的节目，父母要适时地跟孩子讲道理，让他明白那些暴力的行为是不能模仿的。另外，父母之间如果经常打架，就会影响孩子，当孩子与别人相处不如意时，可能一言不合就动手打人。有的父母还用体罚来惩罚孩子，也会诱发孩子产生攻击行为，这些情况都应尽量避免。

叛逆

> 小雨今年8岁,虽然个子不高,长得瘦瘦的,但叛逆起来经常让大人拿她没辙。平时在家,父母让她做什么她偏不做,不让做的事情她反而兴趣浓厚,说她两句,她会反驳十句,经常气得爸爸忍不住要揍她。在学校她也喜欢悄悄搞破坏、捉弄同学,上课从来不规规矩矩坐着听讲,老师批评她她就会生气。

生活中,像小雨这样的"叛逆"孩子不在少数,让父母和老师很是头疼。孩子不是天生就叛逆的,他们虽然小,却有自我意识,喜欢按自己的想法去做事,有时候无法与大人的想法契合,当大人让孩子服从要求时,双方就会发生冲突。如果父母懂得循循善诱,也许事情会进展得比较顺利;如果父母利用权威进行强制的管教,孩子就很容易产生逆反心理,想着"凭什么非要听你的,我偏不",于是逆反行为不但没有减少反而大增。

化解叛逆孩子的小小反抗

许多父母寄希望于"孩子大了就会懂事一点"而放任孩子眼前的叛逆,殊不知,如果不及时对叛逆的孩子进行恰当的引导,会给孩子带来很大的危害。叛逆的孩子往往随心所欲,很难与同伴友好合作、分享、协商,他们的人际交往将会是个大问题。孩子叛逆还会影响大人、同龄人对他的评价,并由此影响他的自我意识的发展。

作为负责任的父母，在面对叛逆孩子时，必须保持耐心，以冷静、坚决和非强制的态度，积极有效地帮助孩子减少叛逆行为。

要点一：父母放下管教的架子

有些父母为了在孩子面前保持权威，总喜欢端着架子，用命令的语气和孩子说话。其实，真正的权威是在理解、关爱、宽容对待孩子的过程中，让孩子自然而然、发自内心地对父母尊敬和爱戴。如果父母总是一副高高在上的样子，孩子会本能地对大人的权威产生反感。父母放弃对孩子"必须做这个""不许做那个"的命令模式，将孩子当作成人一样给予尊重，用平等的态度和孩子沟通，才能让叛逆的孩子愿意与父母合作。

要点二：倾听孩子的想法

有的父母一看到孩子不听话，就忍不住火冒三丈，直接的反应就是破口大骂，在他们的潜意识里，孩子就是要和他们对着干，没有理由。建议父母先冷静下来，尝试着多一分耐心，问问孩子这么做的原因是什么。了解了孩子的想法，才能找到让孩子心甘情愿配合的办法。

要点三：跟孩子讲道理

面对叛逆的孩子，父母也要在实际的情境中教导孩子一定的道理。注意不要严厉地说教，而是要耐心地引导他从其他人的角度体会一下，真正明白自己的行为会如何影响他人。对于年龄小一些的孩子，可以举一些孩子身边的例子或者通过讲故事的方式，使道理容易为他们理解和接受。

要点四：多关注孩子的积极行为

即使是叛逆的孩子也有他的优点，父母大可不必紧盯着孩子的问题行为不放。多多关注孩子的积极行为，适时地进行表扬，让孩子把关注点转移到积极的行为上来。如果父母只看到孩子的缺点，那积极的行为也无法固定下来成为好习惯。

稍不如意就哭闹

> 琪琪上幼儿园了,这天妈妈下了班从幼儿园接她回家。走在路上,琪琪突然抱住妈妈的腿,要让妈妈抱着她走。妈妈上了一天班觉得腰酸腿疼,就让琪琪自己走。琪琪不肯,非要妈妈抱她,妈妈告诉她自己今天太累了,抱不动她,琪琪还是不为所动。妈妈一生气就跟她说:"你不走就在这站着吧,我走了。"说着作势要往前走,琪琪干脆一屁股坐到地上"哇哇"大哭起来。妈妈一边训斥她:"你怎么这么不听话,再闹我揍你了啊。"一边想把她拉起来,而琪琪使劲挣脱开便开始躺在地上打滚,边滚边哭。许多路过的人围过来看,妈妈尴尬极了,只好赶快抱起琪琪"逃离"众人的视线……

许多家庭不乏这样的"熊孩子",在大人没有满足他的意愿时大声哭闹,有些甚至会在地上打滚,或撕扯自己的头发、衣服,或抱着大人的腿不撒手。哭闹中的孩子往往不听劝阻,除非大人满足他的要求,否则就会僵持下去。

面对孩子哭闹的情况,有些脾气暴躁的父母可能会"以暴制暴"让孩子暂时消停,有些容易心软的父母可能会选择满足他的要求,但是这两种方法都不能使问题得到根本解决,如果用武力"镇压",会伤害孩子的自尊心,激起他的逆反心理,有的孩子下一次会"变本加厉",最后往往还是父母妥协;如果无条件迁就,孩子尝到"甜头",知道哭闹能让自己得偿所愿，那么以后更会用哭闹来"要挟"家长，一旦不能如愿，就闹到父母心软答应为止。

用哭闹来表达需求是孩子的本能

孩子由于年纪小，语言表达能力、情绪认知表达和调控能力不完善，会本能地用哭闹等手段来表达自己的需求，这是很自然的事。面对孩子的哭闹，父母的第一反应通常是觉得他在无理取闹，忍不住责备他，或者滔滔不绝地讲一些孩子听了无数遍的道理，却不知道孩子哭闹是希望获得心理满足，因而也就无法有效地解决问题。

对哭闹的孩子不能有求必应

对哭闹的孩子父母千万不能有求必应，否则孩子就会形成这样一种认识：没有什么是我得不到的，如果有，那我就哭给他们看。那么，父母到底应该怎么做呢？

要点一：安抚孩子的情绪

对于正在大哭大闹的孩子，父母首先要做的是自己保持冷静和理性，接下来就是要耐着性子安抚孩子的情绪，一般这个时候哄劝或打骂都难以阻止孩子的任性，最好的方法是冷处理。比如，在家里遇到孩子发脾气、哭闹不休时，父母可以先暂时离开房间，把孩子一个人留在那里发泄一会儿，等他慢慢冷静下来，再来解决问题；如果是在外面，父母可以走开几步，对孩子的哭闹故意忽视不理，等孩子平静一些了再带他到一个安静的地方交谈。采用冷处理要收到好的效果，家中所有大人必须态度一致，不能有的大人不予理睬而有的又心软迁就。

要点二：对孩子一定要说一不二

对待孩子的要求一定要按照事先约定的规矩处理，不能因为孩子哭闹就妥协，也不能因为心情好就对孩子网开一面，又或是因为心情不好而反悔之前的承诺。这样孩子就会明白父母是言出必行的人，也就不会经常想着依靠哭闹来使大人妥协。

要点三：向孩子说明拒绝的理由

虽说孩子哭闹时什么都听不进去，但父母也要给出让孩子信服的理由，而不是单纯地拒绝，虽然这种解释孩子不一定听得懂。比如事例中的妈妈面对哭闹的琪琪，她可以这样向琪琪解释："琪琪是因为累得走不动了才想让妈妈抱，可是妈妈上了一天班，和你一样觉得很累，所以抱不动你。妈妈会牵着你的手慢慢走，或者我们可以停下来休息一会儿再走，你觉得呢？"这么说的结果可能是孩子不哭闹了，愿意和妈妈手牵手回家；也可能继续在地上打滚发脾气，但妈妈的解释至少能让她明白，妈妈拒绝她是有理由的，这样她接受起来就会容易得多，情绪也能更快平复。

要点四：让孩子学会等待

当孩子向父母提出某个要求时，父母可以有意识地让他承受一些忍耐和等待，即使他的要求很合理。比如妈妈正在做家务，孩子希望妈妈陪他玩游戏，妈妈可以告诉他："妈妈也很想和你一起玩游戏，但妈妈必须先把剩下的家务做完，等我做完了就陪你玩。"又比如孩子特别想买某个玩具，父母可以向孩子表示理解，并询问他希望在"六一"儿童节的时候买，还是过生日的时候买。通过类似的方式，让孩子学会等待，进而增强孩子的自控能力。

> 前几天刚买了小汽车，这个玩具等你生日的时候再买吧！

沉默少语，不合群

> 轩轩一直是个胆小内向的孩子，在家的时候总是自己一个人安静地玩耍，家里来了客人，他也很少跟客人打招呼。进入幼儿园后，这种情况并没有改善。幼儿园的老师告诉轩轩妈妈，每次小朋友们玩玩具，轩轩都眼巴巴地在旁边看着，却不敢过去拿，更不敢请求加入；当小伙伴们追逐嬉戏时，他也总是一个人在角落里坐着；他整天都是愁眉苦脸的样子，平时和同学难得说上一句话，如果哪个小朋友不小心碰他一下，他就会非常紧张，不是大声喊叫就是推小朋友。他的行为似乎与其他小朋友格格不入，感觉他很难融入集体。

每个父母都希望自己的孩子活泼开朗，在陌生的环境中能够快速适应，交到很多朋友，但在生活中，有些孩子总是沉默寡言、独来独往：一个人学习、一个人上下学、一个人玩耍，集体活动从不参与。这些孩子就是不合群的孩子。

孩子不合群的原因

有一些孩子天生喜欢独自行动或思考，不喜欢人多嘈杂的环境，这是受先天气质的影响。有一些孩子不合群与父母相对封闭的教育有关。许多大人对孩子过度保护，担心外面世界的危险，担心孩子受欺负或被其他小朋友"带坏"，总是把孩子关在家里，孩子缺乏与外界交流的机会，长期一个人独自玩耍，人际交往能力自然比较弱。再加上孩子在家里时，大人纵容溺爱、事事包办，与同伴交往时，却要分享、协商，有时还有冲突，对没什么交往经验的孩子来说，他宁愿自己一个人玩。

帮助不合群的孩子融入群体

孩子不合群，对他的身心健康是极为不利的，好在大多数情况都可以通过家庭的努力而改善。做父母的要及时对孩子进行引导，帮助他融入属于他的世界。

要点一：为孩子的交往创造条件

大部分孩子在很小的时候就有人际交往的需求，只不过不合群的孩子这种需求被种种原因压抑了。父母可以积极主动地创造条件，给孩子更多同他人尤其是同龄人接触的机会。比如可以邀请其他小朋友来家里，让孩子当主人；经常带孩子到小区或公园中活动，带孩子多和家人以外的成人及小朋友交流或玩耍。一开始可能并不太顺利，父母要给予耐心的引导和协助，渐渐地就会发现孩子向开朗转变了。

要点二：有意识地引导孩子多说话

人际交往能力的核心是说话能力，因为交际的直接形式是说。因此，父母平时可以有意识地引导孩子多说话，培养孩子的说话能力。比如，父母可以向孩子提一些问题："今天在幼儿园做了什么游戏？""给妈妈讲一下三只小猪的故事好不好？"让孩子慢慢地回忆、讲述，在不知不觉中培养孩子的说话能力。

要点三：让孩子变得大胆起来

有些孩子不合群的原因是过度害羞。父母可以鼓励孩子参加各种体育活动，因为体育是一种直接与人正面接触和竞争的群体活动，不仅需要智慧和力量，还需要胆量。还有一个好方法是让孩子当众发言，开始时孩子可能会羞怯，大人要以表扬和鼓励为主，当众发言的次数多了，孩子的胆子就会大起来，也就敢于与人接触了。

"小心眼儿"

> 亮亮今年9岁了，长得很帅气，人也聪明，但是让爸爸妈妈头疼的是，亮亮特别"小心眼儿"，爱"记仇"，几乎没有朋友。前几天，妈妈看亮亮写作业的时候不专心，就数落了他几句，结果他赌了一天的气，要不是爸爸劝他，他连饭也不肯吃。有一次，亮亮的好朋友小鹏来家里玩，不小心把亮亮的一个机器猫弄坏了，小鹏向亮亮道歉，但亮亮还是生气地把小鹏赶走了。第二天小鹏又来找亮亮道歉，并赔给他一个相似的机器猫，可是亮亮不接受，还说再也不和小鹏玩了，亮亮妈妈使劲帮忙打圆场也没能让两个小朋友和好。

哼，你昨天把我的机器猫弄坏了，我才不和你玩！

孩子或多或少都有些"小心眼儿"，这是孩子自我意识发展的表现，他们多是以自我为中心考虑问题，当别人的言行损害自己的利益时，就会不愉快，但一般这种不愉快不会持续很长时间，像亮亮这样对矛盾耿耿于怀的孩子并不多见。当孩子的"小心眼儿"表现得有些过度、过激时，父母就要及时进行正确的引导。

让孩子学会宽容

宽容是一种美好的品德，只有大方地看待别人的过错，原谅别人，才能释放自己。如果孩子总是为一些事情斤斤计较，他的心里就会充满怨恨、不满等负面的情绪，这会给他一生都带来负面影响。让孩子学会宽容，父母可从以下方面入手：

要点一：让孩子学会换位思考

生活中，有些孩子"小心眼儿"是由于被家人宠惯了，自我意识太强、缺乏换位思考的能力，父母应给予恰当引导。父母可以坦诚地和孩子交流"小心眼儿"会带给别人怎样的感受，比如事例中的妈妈可以引导亮亮把自己想象成小鹏，去体会小鹏面对自己的不原谅时的心情和感受。孩子学会站在对方的角度看问题，就容易体谅对方、宽容对方了。

要点二：让孩子学会理解他人

父母应该让孩子明白，每个人都有不足，每个人都可能犯错，每个人也都有犯错而需要别人理解的时候。孩子只有真正认识到这一点，才能容忍别人的缺点和错误，体会到宽容的意义。比如，事例中的亮亮妈妈可以向亮亮举出他曾经犯过错误但获得了原谅的例子，使亮亮认识到自己也有错误，为亮亮宽容别人奠定基础。

要点三：让孩子多与同龄人交往

宽容的品德是在交往活动中培养起来的。孩子只有在与人交往中才能切身体会到父母所说的"每个人都有缺点，每个人都可能犯错误"，并学着去容忍别人的缺点和错误；当自己犯错误时，也能通过真诚的道歉赢得别人的尊重和谅解。在孩子与同龄人交往的过程中，父母也要注意教给孩子掌握宽容的标准，过度的宽容就是软弱了。

要点四：给孩子讲讲宽容的故事

父母可以准备一些与宽容、理解有关的故事，经常说给孩子听，向孩子灌输"宽容待人"的观念。这是一个需要循序渐进、逐步引导的过程，一开始，父母不妨从一页只有几行字的绘本开始，逐步使用文字较多、图画较少的童书，再发展到有章节的故事书，通过讲故事将宽容植入孩子的心底。

厌学

> 芳芳从小就很乖，聪明懂事、活泼开朗。进入小学后，爱学习、守纪律，成绩也十分优异，一直是班级学习委员，老师心目中的"尖子生"。芳芳的家人都以她为骄傲，对她抱有很高的期望，要求也很严格。家长要求芳芳每门功课必须在98分以上，有时考了97分，即使在班里名列前茅，父母也不满意，少不了一顿训斥。有一次芳芳数学只考了89分，回来以后爸爸妈妈狠狠地骂了她一顿，说她学习不用心，天天就想着玩，小学的功课都学不好，以后有什么出息。在父母的严厉管教下，芳芳的心理压力很大，学习丝毫不敢怠慢，但越是背着包袱，她就越感到力不从心、疲惫不堪。从四年级开学以来，芳芳的学习成绩明显下降，对学习也产生了厌倦，尤其对考试产生了恐惧。期中考试，芳芳有两门功课没有上90分，爸爸打了她两下，老师说她退步了，她突然觉得自己一点用都没有。不出一个月，芳芳就变得很少跟别人讲话，成绩也一路下滑，不愿意上学了。

　　生活中像芳芳这样的孩子很多，他们的家长对他们抱有很高的期望，学习上不停地给孩子施加压力；除了学习，在其他方面又溺爱孩子，使孩子心理承受能力过低，当面对一点点失败时，便丧失斗志和学习兴趣，继而不想上学。也有的孩子是因为在学校与老师、同学关系处理不好，或不能适应学校的要求而不愿意上学。还有的孩子从一开始就没有培养起对学习的兴趣，从心底对学习和上学感到厌烦。

提升孩子的学习兴趣

对于厌学的孩子,父母教育的关键并非增加他的学习压力。因为大多数孩子原本是愿意通过学习去了解新事物、收获新知识的,父母的高压只会让孩子产生逆反心理,觉得学习是个负担,不愿继续学。让孩子不再厌学,父母要做的是帮助孩子消除厌学的因素,调动起孩子的学习兴趣。

要点一:转变"唯分数论"的心态

有不少父母把孩子的学习成绩看得很重,孩子成绩好了就给予各种夸奖、物质奖励,把孩子捧得高高的;孩子成绩差了就一顿批评和训斥,把孩子贬得一无是处。殊不知,正是父母的这种态度导致孩子厌恶学习。父母要调整自己的心态,不要只关注分数,而是要关注孩子学习的过程,努力挖掘孩子的优点,对孩子每一点微小的进步都要给予真诚的鼓励和表扬,让孩子尝到成功的喜悦,树立起自信心;即使孩子考试成绩不好,只要他尽力了,就不要过分斥责。孩子有了自信、没了焦虑,慢慢就会克服厌学心理。

要点二:经常关心孩子的学习情况

有的父母与其他家长聊天或者开完家长会后,会紧张一阵子,对孩子的学习监督得比较严格。过一阵子,由于忙于工作或享受自己的业余爱好,就把孩子的学习情况抛到脑后了,偶尔想起来才关心一下。父母要改变这种随意的管理方式,经常关心孩子的学习情况,与孩子一起分析成绩好坏的具体原因,学习和玩耍怎样结合,探讨哪种学习方法更适合孩子等,让孩子感受到父母在与他一起分担他所遇到的学习困难和压力,这样孩子才不会对学习感到厌恶和恐惧。

要点三:激发孩子的学习兴趣

对于感兴趣的事物,孩子总是会愉快地探究它。要想让孩子对学习变得积极主动,就要调动起他对学习的兴趣。父母可以尝试以下方法:

- 经常赞扬孩子小小的进步,让孩子对学习充满动力。
- 经常带孩子参观博物馆、动物园、图书馆和科技馆,去户外接触大自然,不断刺激孩子的好奇心和求知欲。
- 父母平时在家多看书,为孩子树立榜样,并经常与孩子分享书中的故事、道理或人物经历等,潜移默化地让孩子对阅读产生兴趣。
- 经常向孩子"请教"一些他课堂上正在学习的知识,让他当一当小老师,这样可以极大地激发孩子的学习兴趣。

要点四:帮助孩子养成良好的学习习惯

父母要给孩子营造一个舒心、安静的学习环境,让他可以安心学习。另外,孩子在学校有校规,在家学习也必须有家规。比如什么时间写作业,多久可以休息一会儿,要按时复习和提前预习,独立完成作业,学习时不能看电视、吃零食,不守规矩会受到什么惩罚,什么情况下可以获得奖励等,督促孩子养成良好的学习习惯。好习惯能帮助孩子提高学习效率,改善厌学状态。

偏科严重

> 小强刚上小学四年级，已经出现了比较严重的偏科现象：数学经常能考满分，但语文总是在及格线上徘徊。在孩子小学低年级的时候，家长就发现小强的语文成绩总是没有数学好，但当时小强的语文能考80多分，所以家长也就没在意。结果进入四年级之后，小强的语文成绩刚到及格线，父母终于开始紧张起来。经过多次与小强及其班主任沟通，父母才搞清楚原来小强语文成绩不好的一个原因是他不喜欢语文老师，因此上课不认真听，作业也不好好写，考试总也考不好，他也就越来越不喜欢语文这门课。

语文课又来了，烦……

偏科的情况在不少孩子身上都存在，这让许多父母忧心不已。其实，人与人之间的兴趣是有差异的，学习方面的兴趣同样如此。偏科就像"萝卜青菜，各有所爱"，是很正常的事情，父母不要过于焦虑。

导致孩子偏科的原因

导致孩子偏科的原因是多方面的，可能是自身智能优势不同、对各科目的兴趣不同、对老师教学风格的爱憎不同、家庭文化氛围的引导不同等，导致孩子愿意在某些科目上多投入精力，在其他某一门或某几门科目上不愿下功夫，最终影响这些科目的学习成绩。

引导孩子改善偏科现象

孩子在学习中出现偏科现象，通常会在平时有所表现。比如做这门科目的作业不积极、错误较多等。父母要注意观察、了解，一旦发现孩子有偏科的苗头，就要及时进行引导，不要像事例中小强的父母那样，一开始不予重视，等到孩子已经开始厌恶这门课了才追悔莫及。

要点一：教孩子学会适应老师

小学生偏科，往往受老师的影响较大。像事例中的小强，他偏科的一个重要原因是不喜欢语文老师。这种现象在任何一个孩子身上都有可能出现，父母应该给孩子打好"预防针"。从孩子上幼儿园起就要多帮助孩子认识老师对学生的付出和关爱，让孩子对老师常怀感恩之心。这样孩子在学校的关注点就不是从老师身上找缺点，也就不容易对老师产生隔阂和抗拒心理了。

如果孩子已经不喜欢某位老师，父母一定要做好思想工作，告诉他老师是所有同学的老师，他的教学风格不能只顾及某一个学生的感受；因为不喜欢某个老师就不喜欢他所教授的课是不理智的。父母还可以陪孩子一起分析这位老师的可爱之处，让孩子以欣赏的眼光去看待老师。只要家长引导到位，相信孩子慢慢就会转变观念。一旦孩子转变了对待这门课的态度，再想办法提升成绩自然会有效得多。

要点二：激发孩子对弱势学科的兴趣

兴趣是学习的动力，想让孩子在弱科上多下功夫，就要想办法激发孩子对弱科的兴趣。用"成就感"激发兴趣就是一个不错的方法。父母可以和孩子一起制定弱科的学习目标，然后帮助孩子把学习目标分解，定下阶段性的小目标。刚开始目标放低一点，要求孩子投入的时间少一点，这样可以避免孩子产生较大的厌烦情绪。当孩子通过努力取得一点点进步的时候，父母应及时给予夸奖和鼓励，让孩子从中获得成就感，并鼓起勇气再接再厉，慢慢地，孩子的兴趣就会越来越浓厚，学习弱科的积极性也会更高。

要点三：帮助孩子改善学习方法

有时候，孩子某一科成绩不好，是因为他没有摸清该学科的规律，没有找到合适的学习方法。比如有的孩子英语成绩不好，是因为单词总也记不住，要提高英语成绩就要改善记单词的方法。如果父母有能力，可以和孩子一起分析该学科，引导孩子入门；如果父母没有这个能力，可以请任课老师帮忙。

要点四：帮孩子树立战胜弱科的自信心

一般偏科的孩子除了对这门课缺乏兴趣，往往还存在畏难心理。对感到困难的科目，孩子越是怕，就越不想花费时间和精力，成绩也就越不理想。父母要想帮助孩子改善偏科的现象，就要让孩子树立起战胜弱科的自信心。首先，父母要把自己的心态调整好，不要过于着急以致采取错误的方法，比如给孩子灌输"你怎么这么笨"的负能量；其次，要认可孩子的学习能力，告诉他只要努力，在其他的学科上也能学得很好；最后，还要教会孩子进行积极的自我暗示，父母可以找出孩子在弱科上的可取之处进行鼓励，让孩子觉得"原来我在最弱的学科上也有过人之处"，从而在心里暗示自己：我一定能学好这门学科。另外，家长还要告诉孩子不要和其他同学比较，把自己当成下次超越的对象就可以了。

爱攀比

> 兵兵今年6岁,刚上小学一年级。这天放学回家,他突然要求妈妈给他买手机。妈妈很奇怪,就问他怎么突然想要买手机。兵兵说有了手机,有事的时候就可以自己打电话找爸爸妈妈了。妈妈就跟他说:"你去年过生日的时候,姑姑不是送了一个电话手表给你吗?你戴上那个手表就可以给爸爸妈妈打电话了呀。"结果兵兵理直气壮地说:"班里的同学都有手机,我要是戴电话手表会被人笑话的。"这之后,兵兵的妈妈发现孩子越来越介意自己的衣服是不是新的,书包是不是比别人的漂亮,如果觉得自己被"比下去了",就吵着要父母买更好的。

我浑身上下穿的都是名牌。

现在有不少孩子都像兵兵一样喜欢攀比,让父母很是头疼。其实,攀比这种现象的产生有其客观必然性。随着年龄的增长,孩子的自我意识逐渐增强,开始有了好胜心,总是试图以自己某方面的"出色"来把别人比下去。与此同时,孩子的自我评价和判断能力还不够成熟客观,他们对自我的评价大多来自周围人的反馈,于是当他看到别人有什么而自己没有时,就也想拥有,以表示自己不比别人差。

纠正孩子的攀比心理

攀比是一种消极的心理,如果任其发展下去,会极大地妨碍孩子认知、情感、行为、人格等方面的健康发展。因此,父母要及早帮助孩子纠正这种心理。

要点一：父母为孩子树立榜样

都说父母是孩子最好的老师，父母的言传身教会直接影响孩子心理的发展。如果父母自己虚荣心强，经常和别人攀比，那么也会促进孩子攀比心理的形成。比如妈妈总是说起自己的护肤品比同事的高档，爸爸羡慕邻居家的好车，孩子在父母的长期熏陶下也会形成"物质高于一切"的印象。父母应该为孩子树立榜样，用自身的行为引导孩子形成正确的价值观。

要点二：不要对孩子有求必应

当孩子提出不合理的物质要求时，父母不要一味地满足孩子，这样会使孩子攀比的欲望越来越膨胀。父母可以引导孩子思考这样东西对他来说是不是必需的，如果他只是"想要"而不是"需要"，就不能满足，即使孩子哭闹也不要轻易妥协，这样即便他不能完全接受，久而久之也不会轻易再向父母提出过分要求了。

要点三：转移孩子的注意力

当孩子和别人攀比时，父母可以把孩子的注意力从物质上转移出来。比如当孩子说起某个同学的家里很有钱时，父母可以告诉孩子，那是他的爸爸妈妈努力奋斗才得来的。

要点四：帮孩子树立正确的金钱观

帮助孩子树立正确的金钱观，让他明白他花的每一分钱都来之不易，这样可以增强他对物欲的抵抗力，不容易产生攀比心理。如果条件允许，可以带孩子到自己的工作单位参观工作的场景；让孩子做一些力所能及的家务，给他少量的报酬；对孩子的物质要求，可以让他付出一定的努力来得到。通过创造各种机会，让孩子感受父母的辛劳及金钱的来之不易。

容易半途而废

> 4岁的童童是个好奇心旺盛的孩子，总是对很多事情感兴趣，但她的兴趣来得快去得也快。今天想学钢琴，让家长买钢琴，但买了没两天就不练了；明天看别的小朋友踢足球，她觉得很有意思，但家长给她买了足球没踢几次就不踢了。那天，妈妈带她去商场，商场中间有一块区域是溜冰场，里面有很多人在滑冰，童童看到后缠着妈妈要学滑冰。结果报了名之后，童童没学几天就不想学了，因为童童觉得滑冰很好玩，但练基本功很枯燥……

你嚷嚷要买钢琴，买了又不练！

太累了，我不想学了。

许多孩子做事经常只有"三分钟热度"，他们一旦被什么事物吸引住了，就会非常有兴趣地想要了解新事物，可是在进行一段时间后，就会因各种原因而放弃，不能有始有终地完成一件事。

许多父母将孩子经常半途而废的原因归于孩子容易放弃，其实这与孩子缺乏专注力有关。幼儿的专注时间多半是短暂的，2岁时孩子专注在一件事情上的时间最长只有5分钟，4岁时大约可以达到10分钟，5~6岁的孩子专注一件事情的时间是15~20分钟。超过这个时间或一遇到困难，孩子就容易产生坚持不下去的想法。如果总是轻易放弃，时间长了，孩子就会养成做事半途而废的不良习惯。

让孩子学会持之以恒

持之以恒是一个人很重要的品质。只有从小让孩子养成持之以恒的习惯，孩子才不会遇到小小挫折就放弃，而会勇于接受挑战。作为父母，在孩子幼儿阶段就要及时采取措施，帮助孩子克服注意力容易转移的弱点，通过各种方法来培养他做事的恒心。如果觉得孩子还小而一直对他放任不管，等到孩子养成了做事半途而废的不良习惯之后，再改就已经晚了。

要点一：帮助孩子分解目标

有一个小闹钟，当它听说自己每年需要摆动3200万次的时候，它的第一反应是"这太多了，我做不到"，但另外一个闹钟告诉它"你只需要每秒钟摆动1次就可以了"，小闹钟发现这很轻松，不知不觉坚持了1年，它摆动了3200万次。

帮助孩子分解目标就是如此，如果让孩子面对一个很大的目标，他可能一开始积极性很高，但一段时间后发现很难达到这个目标，于是就放弃了。如果父母帮孩子把一个大目标拆分成若干小目标，要求孩子一点一点地做到，每完成一个小目标就对孩子的努力给予肯定，让孩子不断体会到自己的进步，孩子就更容易坚持。久而久之，孩子就会逐渐养成完整地做好一件事情的自觉性。注意，分解目标的过程要让孩子参与，这是孩子需要学习的。

要点二：让孩子学会自我监督

对一件事要持之以恒，须靠自觉，因此，让孩子学会自我监督是非常必要的。在孩子还小的时候，由于心智不成熟，自控力不强是很正常的，但父母不能以此放松对孩子的要求，孩子的自觉性要靠从小培养才能慢慢形成。培养孩子学会自我监督，可以从父母的检查和鼓励开始。比如，与孩子共同确定某个目标后，每天检查孩子完成的情况，并让孩子自我评价做得怎么样。对孩子的良好表现给予表扬和适当奖励，对做得不好的地方要和孩子一起分析原因，引导、激励孩子改正，必要时还要通过批评甚至一定的惩罚来督促孩子坚持。长此以往，孩子的能力提高了，习惯养成了，做事也不会轻易半途而废了。

要点三：对孩子以鼓励为主

如果孩子出现放弃的念头，父母不要数落孩子，或者张口就骂、动手就打，更不要挖苦讽刺，以免孩子产生逆反或自卑的心理，更加不愿坚持。父母要多鼓励孩子，可以跟孩子一起回顾之前的努力取得的成就，使孩子产生愉悦感和自信心，产生继续完成这件事的动力。

如果孩子执意要放弃，父母可以表示理解，但是要孩子必须等到某一时间段，或达到某一节点才能放弃，不能说放弃就立刻放弃。因为很多孩子说要放弃是一时冲动所做的决定，设置一个节点可以让孩子平复情绪、冷静思考，也有利于父母采取措施帮助孩子树立坚持下去的信心。当孩子继续坚持时，父母要及时予以鼓励、表扬，对其产生的烦躁情绪及时给予开导、安抚，对于出现的困难及时给予适当的帮助，帮助孩子增强自信心。

要点四：父母做好榜样

父母的一言一行、一举一动都在潜移默化中影响着孩子，许多孩子没有耐心，与父母做事经常虎头蛇尾有很大的关系。要想让孩子从小养成持之以恒的习惯，父母必须以身作则，无论做什么事情，都要认真、圆满地完成，做孩子的表率。另外，父母对孩子的要求也必须有始有终地贯彻，不能一时兴起就严厉，过不了多久又迁就，这样也容易造成孩子做事有始无终。

沉迷电子产品

> 8岁的聪聪平时就爱玩电子产品,上学期间课堂上不能玩,每天只能"抓紧"晚上的时间过过瘾。暑假来了,聪聪总算是"如鱼得水"了,天天在家与电子产品为伴,电视、平板电脑、手机轮番上阵,从早到晚一刻不歇,既不出门,也不做作业,吃饭时间到了也要妈妈一喊再喊才肯上桌,还要边吃边看电视,一顿饭能吃将近一个钟头。妈妈看着心中恼火,就逼着聪聪出门去找小伙伴玩。结果到了晚饭时间,妈妈去接聪聪回家,却看到他正和小伙伴坐在沙发上捧着平板电脑玩游戏,妈妈进来他连头都没抬一下。这让妈妈憋了一肚子火,第二天就去办了断网手续,没想到回家却看见聪聪正开心地玩着手机里的单机游戏……

孩子沉迷于电子产品,相信这是许多父母都苦恼的问题。大人说也说过、骂也骂过、打也打过,也采取过拿走孩子手机、切断网络等强制措施,结果却收效甚微。

为什么孩子会被电子产品所吸引

孩子都有旺盛的好奇心,电子产品向他们展示了各种各样的新鲜事物——电视上有丰富多彩的节目,手机和电脑可以用来和朋友聊天、玩游戏,这是孩子被电子产品吸引的一个重要原因,另外游戏胜利带来的满足感也会让他们沉迷。

电子产品确实为孩子探索世界提供了一个重要手段，但它也给孩子带来了很多不利影响。经常使用电子产品会减少孩子与外界交流的机会，孩子经常独处，容易产生社交障碍和情绪管理障碍；同时也会减少他们的运动时间，不仅容易患肥胖症，伤害眼睛、脊柱，还会影响智力发育。

让孩子合理使用电子产品

孩子不可能一辈子都不接触电子产品，父母与其严防死守，不如理性思考：如何才能让孩子不被电子产品诱惑，合理使用电子产品呢？

要点一：给孩子高质量的陪伴

有许多"电子儿童"其实是父母打造的，在孩子还小的时候，有的父母为了省事，经常把电视一开，手机一给，孩子就安静地自己玩，自己乐得轻松。长期如此，就促成了孩子对电子产品的依赖，等到父母想要限制他玩耍的时候，孩子已经离不开它们了。

与其等孩子养成习惯后再来改变，不如一开始就给予孩子高质量的陪伴。陪伴不单是要陪在孩子身边，更重要的是增加与孩子的互动。与孩子谈心，了解他的内心世界，并通过肢体和表情等方面的交流，让孩子真切地感受到父母的关爱与信任，在潜移默化中引导孩子；全心全意地和孩子做一些亲子活动，陪伴他出游、锻炼，与他一起阅读等，帮助孩子找到新的兴趣点，从而脱离对电子产品的依赖。

要点二：充实孩子的课余生活

孩子进入小学后，一天中大部分时间是按照课程规划的科目上课，但仍有许多课余时间由他们自由支配。父母可以鼓励孩子多参加课外活动，让孩子接触一些课堂以外的新事物，开阔眼界，开发想象力和创造力，还能让孩子在参加课外活动的过程中结交到新朋友。当孩子的课余时间过得充实时，他就不需要去电子产品中寻找乐趣了。当然，父母也不能不顾孩子意愿，强加给他们一些不喜欢的活动，一定要多了解孩子的兴趣、喜好，只要父母用心，一定能让自己的孩子找到适合自己的课外活动。

要点三：减少孩子和电子产品独处的机会

现在许多家庭都给孩子设置了儿童房，在房间里配备了电脑等电子产品。父母的初衷是为孩子提供一个专属工具用于学习，同时也避免了孩子和大人争抢电视或电脑。但孩子没有什么自制力，给他与电子产品独处的时间，还想让他自觉地限制使用时间，父母不免想得过于乐观。孩子关上门就可以随心所欲地看动画片、玩游戏，还有的甚至半夜偷偷起来玩，父母根本监管不了。

为了避免这种情况，给孩子一个没有电子产品的房间就很有必要了。父母可以在家中专门准备一个公共区域放置电子产品，并给自己和孩子制定相关使用规则，互相监督。一开始孩子也许会撒泼耍赖不遵守规则，父母坚决不能让步，可以陪伴孩子玩耍，一起开发一些新活动来转移他对电子产品的迷恋，一段时间后，他就会渐渐习惯了。

要点四：父母做好榜样

孩子喜欢模仿学习，如果父母沉迷于电子产品，孩子也会有样学样。父母不妨设想一下下面的场景：孩子正在津津有味地看动画片，你在一边拿着手机玩游戏，嘴里不停地唠叨，"喊了你几遍了，还不去写作业，不准看了。"孩子的心里就会想，"凭啥你就能玩，我就不能看，这不公平。"言传不如身教，当要求孩子远离电子产品去学习时，父母不如自己先放下手机，关掉电视，拿起书，为孩子营造出浓厚的家庭学习氛围。

孩子的心灵是一块神奇的土地，
播种一种思想，
就会收获一种行为，
形成一种习惯。
无论用餐、起居，
还是睡眠、学习，
这些好习惯，都应从小培养。

孩子睡觉

表扬孩子

孩子整理学习用品

第4章

培养好习惯：
让孩子全面发展

用餐好习惯，让孩子吃饭香、身体棒

孩子的用餐习惯需要从小培养，从孩子坐上餐桌的第一天起，父母就要有意识地教导孩子养成规律进餐、细嚼慢咽、不挑食等习惯，让孩子茁壮成长。

从添加辅食开始，好好吃饭

宝宝一天天长大，妈妈的乳汁已经无法满足他对营养的需求，辅食添加成了妈妈和宝宝都需要面对的新挑战。不过，辅食的添加也有一定的信号：

- 一般来说，建议宝宝母乳喂养6个月以后开始添加辅食。
- 宝宝的体重达到出生时的2倍时，就可以考虑添加辅食了。
- 当宝宝看见大人吃东西会很感兴趣，可能还会来抓勺子、抢筷子，或在大人夹菜时伸手抓。
- 宝宝每天都会喝1000毫升以上的母乳或奶粉，喂奶次数达8~10次。
- 当食物触及宝宝嘴唇时，他会有吸吮的动作，并尝试着咽下去。
- 宝宝能扶着坐或靠着坐了，并能控制头部的转动及保持上半身平衡。

温馨提示

如果宝宝暂时还没有萌生想吃辅食的念头，父母也不要太着急，毕竟每个宝宝的生长发育情况都不一样，还需要爸爸妈妈耐心等待。

很多父母认为鸡蛋有营养，就把它作为宝宝初次添加辅食的首选。其实，6个月左右的宝宝无法分解鸡蛋中的蛋白质，很容易发生过敏反应。建议宝宝的第一口辅食从婴儿营养米粉开始，之后再逐渐过渡到蔬果汁、菜泥、蛋羹、鱼泥等。

跟婴幼儿配方乳一样，营养米粉也是专为婴幼儿设计的营养均衡的辅食，它主要以米粉为原料，还添加了此阶段宝宝生长发育所需的多种营养元素，如蛋白质、脂肪、维生素、DHA、膳食纤维、钙、铁、锌等，营养成分较为全面，能满足婴儿的生长需求，而且发生过敏的概率很低。有些品牌的婴儿营养米粉中还会添加益生元或益生菌成分，具有协助调理宝宝胃肠的功能。不过，有些本身胃肠功能较好的宝宝服用含有益生菌的米粉反而会拉肚子，这就需要父母在添加时多观察宝宝的反应。

婴儿米粉不仅具有营养全面的优势，相较于配方奶粉来说，还很容易冲调。父母不用担心米粉和水的比例不恰当，因为冲调米粉没有固定的模式，只要掌握由稀到稠、由少到多的原则即可。在选购时，只要符合宝宝的月龄就好，因为婴儿米粉的味道接近母乳或配方奶粉，大多数宝宝都很乐于接受。

需要提醒父母注意的是，第一次给宝宝喂辅食非常重要，如果第一次能顺利喂食，宝宝对辅食的接受程度就会越来越高，所以要做好以下准备：

- 让宝宝在轻松、安静、愉快的氛围中进行辅食尝试。
- 挑好时间，可以在上午10点左右，宝宝睡了一觉心情较好，而且离午餐还有一段时间。
- 由父母亲自用婴儿专用的小勺盛半勺米糊，面带微笑地喂给宝宝吃，记得要用眼神和语言鼓励宝宝。

对于消化功能尚未发育完全的宝宝来说，父母务必要遵循的辅食添加原则就是：由少到多，由简单到复杂，一匙一匙地喂，一种一种地添。

分量要小

宝宝的食量较小，父母一次喂辅食的量不要太大。可以在开始时1天喂1餐，宝宝6个月以后再增加为2餐，9个月大后再增加为3餐。父母要根据宝宝的咀嚼和消化状况选择食物的形状和量，不要盲目同其他孩子比较。

一次尝试一种食材

宝宝刚开始吃辅食时，一次只给宝宝尝试一种食材，观察3天。若宝宝接受良好，可在喂食一周后再添加另一种新食物；若宝宝出现异常，暂时停喂，3～7天后再添加这种食物。若同样的问题再次出现，可认为宝宝对此食物不耐受，应至少间隔3个月再喂食此食物。

当宝宝开始添加辅食后，父母不仅要关注他的进食量，还要注意观察以下几点，并根据宝宝吃辅食的效果适时调整：

- 进食过程是否顺利，宝宝是否爱吃辅食，牙齿及咀嚼能力是否顺利发育。
- 宝宝进食后是否有满足感，进食后对母乳和奶的需求量等。
- 给宝宝绘制生长曲线，观察宝宝的身高、体重等指标是否符合正常的发育标准。
- 观察宝宝大便的次数和形状，了解宝宝对食物的消化和吸收程度。

除此之外，辅食添加效果的评判，还应包括湿疹、腹泻、便秘等疾病的预防，肥胖及生长发育迟缓等问题的预防，龋齿的预防等。如果宝宝出现异常情况，父母应适时调整喂养策略，必要时及时就医。

随着宝宝一天天长大，他的胃肠功能逐渐适应并发育成熟，父母可

以根据宝宝的具体情况,包括宝宝的消化情况、牙齿发育情况、咀嚼能力、接受程度等,调整辅食添加的食物。具体准则可以参考下图:

由少到多:如蛋黄从 1/8 个—1/4 个—1/2 个逐量添加。

由稀到稠:如米汤—米糊—稀粥—稠粥—软饭。

由细到粗:如蔬菜汁—蔬菜泥—碎蔬菜—菜叶片—菜茎。

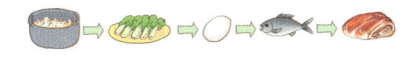

由植物性食物到动物性食物:如谷物—蔬果—蛋—鱼—肉。

下表中列出了宝宝在不同月龄适合吃的辅食,父母可以参照下表给宝宝更好的饮食照护:

月龄	辅食类型	推荐辅食
5~6个月	可以吞咽下去的黏稠流食	营养米粉、菜汁、鲜果汁、稀粥等
7~8个月	可以通过舌头捣碎的食物	蛋黄羹、烂面条、碎蔬菜、肉末、肝泥、鱼泥等
9~11个月	可以利用牙齿搅碎的食物	稠粥、软饭、面条、馒头、面包、碎蔬菜、碎肉、豆制品等
12~18个月	牙齿可以搅碎的更多食物	米饭、面条、蔬菜、全蛋、鱼块、肉块等
19~36个月	像成人一样吃饭	

149

父母在制作辅食时，把握一些小窍门，能够让宝宝接受辅食、爱上辅食，茁壮成长。

父母在购买宝宝使用的餐具，包括吸盘碗、硅胶勺子、围嘴、婴儿餐椅等时，尽量挑选易清洗、易发现污垢的餐具，同时还要让宝宝喜欢，以提高宝宝的进食兴趣。

花样各异的辅食在增加宝宝食欲的同时，还能让他对吃饭保持新鲜感。父母可以变着花样制作辅食，让宝宝尝试多种新口味，如果宝宝对某种食物挑食、厌食，父母可以在烹饪方法上变换花样。

有的宝宝会在父母喂食的时候用舌头把食物向外推，或者把食物含在口中不咀嚼。此时，父母要做出咀嚼的动作让宝宝模仿。如果宝宝一时没有学会，父母也不要着急，多示范几次就好了。

如果宝宝玩得正高兴，却被要吃饭这件事打断的话，就很可能产生抵触情绪而拒绝吃饭，所以，要给宝宝养成定时用餐的习惯。如果宝宝想要自己动手吃饭，父母不能加以阻止，而应鼓励他。

面对宝宝不喜欢吃的食物，父母不必强求，可以先停止喂食，过段时间再重新尝试。在此期间，可以喂给宝宝营养成分相似的替换品，以满足宝宝对营养的需求。

固定的餐椅、专用餐具和洁净、舒适的用餐环境有助于宝宝愉快进餐，如果宝宝吃饭较慢，父母不要催促，要多表扬和鼓励宝宝，这样能增强宝宝吃饭的兴趣，而且细嚼慢咽有助于消化。

辅食关系着宝宝的营养与健康，很多父母都会因为太过重视而担心自己做不好。其实，只要多花些心思，在制作过程中多留心以下几方面，就能成为巧手好父母。

烹饪食材的选择

制作辅食的食材应选择新鲜的，建议当天购买当天食用。食材存放的时间过久，营养成分容易流失，还容易发霉腐败，宝宝食用后对健康不利。

烹饪前的准备

烹饪前做好卫生工作，食材要清洗干净；制作和盛放食材的工具要提前清洗，并用开水烫一遍；制作食物的厨具、餐具要生、熟食品分开；宝宝使用的餐具要特别清洁和消毒。

辅食制作细节

建议父母尽量选择蒸、煮、炖的方式，食物不会太过油腻；辅食的精细程度根据宝宝的月龄特点、消化能力等调整；蛋、鱼、肉等食材一定要煮熟，并去掉不易消化的皮、筋等。

辅食制作禁忌

初次添加辅食，食物的浓度不要太大，蔬菜汁、果汁等可以加水稀释。不要同时添加几种辅食，以免引起过敏，而且宝宝也尝不出味道，久而久之可能会导致宝宝味觉混乱。

辅食营养搭配

不同类型的食物所含的营养成分不同，这些营养成分在互相搭配时会产生互补、增强或阻碍等作用。因此，父母要注意辅食的营养搭配，提高食物的整体营养价值。

规律吃饭，定时定量

孩子饮食不规律，经常饥一顿饱一顿，就会扰乱胃肠系统，导致生病。父母应辅助孩子养成规律饮食的习惯。

1

父母准备的零食太多，又不加以控制，孩子随便吃，胃肠一直处于工作状态，加重消化负担，孩子没有饥饿感，到了饭点自然就不会好好吃饭。所以，尽量少准备零食，也不能放任孩子随时随地吃零食。

2

从很大程度上讲，孩子的饮食习惯都是由父母养成的，要想孩子乖乖吃饭，父母就要以身作则，改掉边吃饭边聊天、边吃饭边看手机等坏习惯，以良好的进餐习惯为孩子树立榜样。

3

父母在制作一日三餐时，既要讲究饭菜的营养性，又要兼顾观赏性。膳食搭配科学营养，菜肴造型可爱丰富，满足孩子生长所需的同时，还能增加他的食欲，有助于培养孩子良好的进食习惯。

4

当孩子不饿或者不想吃饭时，父母不要强迫进食，勉强和催促会给孩子带来压力，甚至会让孩子讨厌吃饭。要营造轻松、愉快的进餐氛围，让孩子体会到吃饭是一件享受和快乐的事情，从而让孩子爱上吃饭。

细嚼慢咽，吃饭更香

细嚼慢咽不仅是进餐时文明行为的表现，而且对于消化吸收也有重要的作用。对于婴幼儿来说，充分咀嚼食物，有利于其颌骨的发育，能增加牙齿和牙周的抵抗力。父母应从孩子学习吃饭之时起就培养他细嚼慢咽的好习惯。

食物的消化是在消化道和消化腺共同作用下完成的，食物进入口腔后，经过牙齿的咀嚼，将食物切碎、磨烂，同时刺激唾液腺的分泌，唾液中的淀粉酶把食物中的淀粉化解为麦芽糖，在唾液的浸润下，食物能更好地被吞咽。如果孩子在进食的第一步就狼吞虎咽，食物一口接一口地进入食管，薄而脆弱的食管黏膜很容易被擦伤，稍不注意还容易被食物"噎住"。

当食物进入胃肠等消化器官后，逐渐被分解、消化和吸收，此时越是细小的食物，越能扩大食物与胃液的接触面积。如果食物未被嚼烂、磨碎就进入胃里，特别是进入小肠后，必然使胃和小肠的负担加重，而胃与肠的蠕动又难以完成牙齿咀嚼未完成的工作，久而久之，胃肠处于"超负荷"的状态，便会引起消化不良等胃肠疾病。而且，如果食物不能与胃液充分接触，食物中的许多营养物质就不能被消化吸收而浪费，孩子摄取的营养物质不足，长期得不到改善就会影响发育和健康。此外，相较于成人，孩子的吞咽反射功能还不是很协调，稍有不慎，尤其是吃饭时嬉笑打闹、狼吞虎咽，就很容易导致食物误入气管而发生意外。

所以，当孩子在起初学习吃饭的时候，父母就要教育他细嚼慢咽，可以引导孩子多观察自己的咀嚼动作，教会他如何细细地嚼，然后再示范下咽的动作。在多次提醒、要求和鼓励下，孩子逐渐就能养成细嚼慢咽的好习惯了。

不挑食、不偏食，营养全面

孩子挑食、偏食是让很多父母都感到头疼的事情，任凭父母怎么"威逼利诱"，孩子就是我行我素。为了不让挑食、偏食的坏习惯危害孩子的健康成长，父母可以采取一些切实可行的小妙招。

危害

1. 鱼、肉、蛋、奶、蔬菜、水果、谷类中的营养各有侧重，只有保证每天摄入的食物种类多样，才能让孩子获得充足、均衡的营养。如果孩子偏食、挑食，则会造成营养失衡。
2. 营养摄入不达标，孩子的生长发育自然会出现问题。例如，糖类、蛋白质和脂肪等营养摄入不足，孩子的体重就会偏轻，长高速度也减慢。
3. 由于饮食不均衡，偏食、挑食的孩子不能很好地从食物中获取营养来提高免疫力，因而更容易生病，贫血、佝偻病等营养缺乏相关性疾病的患病率也比正常孩子高。
4. 研究表明，挑食、偏食的孩子更容易形成极端性格。

妙招

1. 让孩子参与到制作食物的过程中，孩子很愿意品尝自己的劳动成果，因而胃口大开，甚至愿意愉快地接受他原本不喜欢的食物。
2. 多给孩子读一些"果蔬故事"，例如蘑菇是怎样生长的、对健康有什么好处等。当孩子对果蔬有了一定的了解之后，就有可能将讨厌变成喜欢，不再挑食了。
3. 让孩子不再挑食、偏食，不仅要让菜肴味道可口，还要设法让它看上去更诱人。将食物制作成可爱的卡通形状，孩子就可能转变态度。

科学摄取日常小零食

父母认为零食不健康，孩子却觉得零食好吃，所以零食就成了孩子跟父母之间"战争的导火索"。其实，零食也不全是"洪水猛兽"，只要科学摄取，就能平息"战争"。

孩子正处于快速发育的阶段，有时规律的一日三餐可能无法满足他的能量需求，此时适当给孩子准备一些小零食是很有必要的，只是父母要懂得帮助孩子科学摄取健康零食。

1

市场上的零食琳琅满目，不是所有的零食都适合孩子，父母在选购时要挑选一些易于消化、有营养的零食，如干果、奶制品、坚果、豆制品等。膨化食品，高热量、高糖、高油的快餐食品，尽量不要购买。

2

零食不是孩子想吃就吃的，否则会让消化系统一直处于工作状态，加重消化负担。正餐之前或睡觉之前，都不要给孩子吃零食，否则会影响正餐的进食量，而且食物残留会引起蛀牙。父母可以把孩子吃零食的时间安排在两餐中间，作为能量补充。

3

家中准备的零食不要太多，孩子一次吃零食的量也要有所控制，不能超过正餐。父母可以事先和孩子说好数量，以免其对某种零食产生偏好。而且，零食应在孩子感到饿的情况下才给他吃，不要强行给孩子喂食。

4

父母不要将零食作为赏罚孩子的手段，让孩子养成以吃零食作为"交换条件"的坏习惯，以免孩子形成错觉，以为奖励的东西都是好东西，无形之中在心理上产生一种认同感——这些食物是应该吃的，而且很好吃。

起居好习惯，健康生活从小做起

俗话说"五岁成习，六十亦然"，良好的习惯可以影响孩子的一生。好习惯不仅包括用餐习惯，还有起居习惯。良好的起居习惯关系着孩子的健康成长。

自己的衣服自己穿

有很多父母会发现，随着成长，孩子变得越来越能干，他总是喜欢花很多的时间来练习自己的技能，穿衣服就是其中一项。

随着自我意识的增强，孩子渴望自己独立完成的事情越来越多，再加上手部力量和身体协调性的发展，孩子可以成功地穿脱衣服了，这时，父母不必再亲力亲为，放手让孩子自己穿衣服吧，这不仅有助于培养孩子的自理能力，还会让孩子体验到自身的价值和成就感，从而更好地构建自我。如果孩子正处于学习阶段，父母应多加鼓励、耐心指导，或者试试以下方法，帮助孩子早日学会自己穿衣服：

- 对于穿衣服这件事，父母要充分"授权"给孩子，一些提示性的话语如"伸手""换腿"等可以说，但不要过去帮忙，让孩子自己按照提示做，可以增强他的自信心。

- 给孩子选择安全好穿的衣服，如连帽衫上有绳子容易勒住脖子，裤子上的拉链容易划伤皮肤，在给孩子选购衣服时，要有侧重地选择。

- 教孩子穿衣服要从易到难，逐步深入，总的来说，脱衣服比穿衣服容易，穿鞋袜比穿衣物容易，所以要先从简单动作练起。

- 可以玩一些让孩子给他的玩具娃娃穿脱衣服或者父母跟孩子比赛穿衣服等小游戏，激发孩子的学习兴趣。在玩中学，学中玩，很快，孩子就能学会自己的衣服自己穿了。

学会主动收拾自己的物品

有些父母会抱怨，自从有了孩子，房间就再也没有整洁过，因为孩子总会把玩具丢得到处都是，还不会主动收拾。这看似是生活中的小事，如果没有及时纠正，就会给孩子以后的学习、生活带来麻烦。

父母经常教育孩子，不准把东西乱丢，却没什么效果。孩子之所以缺乏物归原处的意识，主要有以下几点原因，父母只有对症解决，才会帮助孩子养成自己主动收拾物品的好习惯。

自身意识薄弱

孩子对于物品的使用概念，还停留在"只知道拿来用却不知道放回原处，用完物品之后只图一时痛快，就把东西随手一扔"的阶段。孩子自身意识薄弱，还不能理解把物品放回原处既能使家里整洁有序，又方便自己和家人使用物品的道理。

家庭环境的影响

有些父母自己就不注重家庭环境的整洁，家中物品摆放得乱七八糟，孩子长期处于这种环境的影响下，自然不会养成主动收拾物品的习惯。

父母全权代劳

父母认为孩子还小，不懂得收拾是很正常的事情，所以总是代劳。其实，对于2岁左右的孩子来说，随意丢东西是应该被教育的，如果父母常常为孩子收拾东西，他就难以养成自理的好习惯。

在日常生活中，父母要有意识地培养孩子管理物品的习惯，教育孩子物品从哪儿拿的就要放回哪儿去，东西摆放要有序，具体可以参考以下建议：

建议一：父母要做出表率

孩子是在父母的影响下成长的，这种影响是潜移默化的，在整理物品方面也是一样。在要求孩子把用过的东西放回原处时，父母自己应先做出表率，起到良好的带头作用。

建议二：营造整洁的家庭环境

整洁舒适的家庭环境会在无形之中向孩子传递出做事整洁、条理清晰的信息；反之，如果家庭环境凌乱不堪，物品摆放乱七八糟，就会让孩子养成随手乱扔东西的习惯。所以，家庭环境的创设很重要。

建议三：分步骤养成好习惯

当孩子将自己的玩具放回到原处时，即便摆放得不整齐，父母也要肯定孩子的做法，并耐心引导、鼓励，让孩子先学会"放"，再提出"放好"的要求。分步骤帮孩子养成好习惯，是育儿的重要方法。

建议四：形成每天整理的惯例

与其让孩子制造的混乱局面累积，不如每天找一个固定时间进行打扫整理。在晚饭后或者睡觉前，爸爸妈妈和孩子一起收拾，一段时间之后，孩子就会养成每天收拾东西的好习惯了。

建议五：抓住时机表扬孩子

孩子帮忙收拾玩具或主动将用过的东西放回到原位时，父母要抓住时机，及时表扬孩子，孩子会因为受到夸奖而更愿意收拾东西，从而强化这个行为，长此以往，乱丢东西的坏习惯就会消失。

建议六：让孩子明白不收拾东西的"后果"

有时孩子会因为乱丢而找不到东西，此时父母可不要急于帮忙寻找，让孩子感受一下不收拾东西的"后果"，作为小小的惩罚。这样孩子就会知道及时收拾东西的好处，自己也会多加注意了。

不做"电视迷"

随着生活条件的提高,电视早已成为每个家庭不可或缺的家用电器,越来越多的孩子成为"电视迷",吃饭的时候要看电视,睡觉之前要看电视,就连日常活动都要看电视,这让父母十分苦恼。

好的电视节目有利于孩子的启蒙教育,促进其感知能力、语言能力的发展,对孩子的大脑开发也有一定的帮助,但如果孩子长时间看电视,不仅损伤视力,还有诸多弊端,这也是家长不让孩子长时间看电视的原因。

长时间看电视的危害	
视力下降	孩子在看电视时,视线相对集中于一个方向,眼球大部分时间处于静止状态,这对儿童的视力发展是非常不利的。幼儿时期是眼睛形成固定折射的时期,眼球的前后径短,晶状体还没有发育完全,睫状肌也很娇嫩,如果看电视的时间长,孩子练习眼球运动的机会就会减少,从而导致视力下降。如果观看距离过近,还有可能导致近视眼的发生
身体发胖	孩子看电视的时间取代了其他活动、玩耍的时间,而且看电视时一般都是坐着,所消耗的能量会大大减少,再加上看电视时会不知不觉吃下很多零食,就会造成热量过剩,长此以往,可能会导致肥胖
社交能力差	如果孩子每天都待在家中看电视而不外出,他与外界交流的机会就会减少,社交能力也会随之减弱。长期与电视"做朋友"而忽略了真正的朋友,孩子的性格就会变得孤僻,孤僻的孩子更不愿意与人交流,如此形成恶性循环,孩子将会很难与人相处,甚至难以适应社会
影响创造力和想象力的发展	电视机"独霸"了孩子的大部分时间,让孩子没有时间读书、做游戏,而这些活动对孩子创造力和想象力的发展至关重要。阅读可以让孩子通过文字去设想情景,这个过程会让创造力和想象力得到培养;做游戏,通过不断实践,发现解决问题的方法,孩子的创造力也会得到提高。而电视机将画面、情景直接播放给孩子看,无形之中就剥夺了孩子想象和创造的空间,长此以往,就会影响孩子的发展

原来长时间看电视对孩子有这么多不良影响。然而，在日常生活中，常常会出现"父母把电视关掉，孩子又立马打开，如果父母强制不让看，孩子就会大哭大闹"等情景，父母应该怎么做才能预防孩子成为"电视迷"呢？

父母多陪伴孩子

父母要知道，电视、电脑、手机等电子产品并不是合格的"保姆"，不能将孩子一味地交由它们"照顾"。日常生活中，父母要多抽时间陪伴孩子，一起玩游戏、阅读、运动、郊游等，给孩子创造一个良好的家庭环境。此外，父母自己也要以身作则，不要沉迷电子产品。

设定看电视的时间

建议2岁以下的孩子尽量不要看电视，如果一定要看，可以将看电视的时间划分成段，每段时间以10~15分钟为宜，如果超时，孩子必须休息。如果孩子满2岁，则可以将每天看电视的时间延长至半小时，之后也要休息。建议父母不要将电视放在孩子的房间，吃饭时将电视关掉。

选择恰当的电视节目

可选择给孩子观看节奏较为平和、舒缓的电视节目，例如互动性较强的儿童节目，给孩子时间去思考他正在观看的电视节目内容，理解、吸收其中的信息，父母多鼓励孩子跟随电视中的人物说话、唱歌、跳舞等。不要让孩子观看恐怖、暴力的节目，以免孩子模仿电视画面而产生攻击性行为。

坚决执行规则

如果孩子在规定看的电视节目结束后主动关掉电视，父母要及时鼓励孩子，让他知道父母的态度，体会到能控制自己欲望和行为的愉快感受；如果孩子没能主动关掉电视，父母也不要着急，要心平气和地提醒孩子，当他按照父母的提醒关掉电视后，要表扬孩子；如果孩子耍赖，父母应坚决关掉电视。

跟"小磨蹭"说拜拜

相信有很多父母都有这样的烦恼——孩子做事磨磨蹭蹭，不管你怎么催促，他就是快不起来，永远比成人的节奏慢一拍。孩子为什么会这样呢？又该怎样帮助孩子改掉磨蹭这个坏习惯呢？

"小磨蹭"出现的原因

看着孩子磨磨蹭蹭地做事，很多父母会着急，甚至为此而斥责孩子。其实，孩子出现这种行为，是有因可循的。

- 孩子处于动作发展期，神经、肌肉活动不协调，加上缺乏丰富的生活经验，就出现了手脚不灵活、不协调，做事慢吞吞的毛病。
- 如果孩子对要做的事情没有兴趣，通常就会用磨蹭来拖延。就拿看动画片来说，孩子总是喜欢在较短的时间内把所有动画片都看完，但到了收拾玩具的时间，就开始磨磨蹭蹭，即便父母再三催促，孩子也不为所动。
- 注意力不集中，尤其是3岁以内的孩子。他们对周围的事物充满兴趣，很容易被吸引而忘记手头的事，所以会出现类似"妈妈要他穿衣服，他却看绘本"的情况。
- 相较于成人来说，孩子的时间观念较差，做事情缺乏紧迫感，而且，他并不能很好地意识到自己做事磨蹭，所以任凭爸爸妈妈三催四请，也很难加快速度。
- 孩子做事磨蹭与其家庭环境的影响也有关系，如果父母和家庭其他成员是慢性子，孩子十有八九也会是慢性子。
- 在父母的精心照顾下，很多孩子养成了过分依赖的性格，总觉得爸爸妈妈会帮自己完成，所以在面对一些要自己完成的事情时，他就会磨蹭，等待父母伸出援助之手。

> **温馨提示**
>
> 有的孩子天生性格就是慢吞吞型的，但他们也有细致谨慎、从容不迫的一面，父母要花更多的时间和心思来关注孩子的需要，并耐心引导。

改掉"小磨蹭"的办法

看到孩子磨磨蹭蹭地做事情,父母常常会因为着急而不停地责备孩子,这样简单粗暴的方式,可能会在较短的时间内提高孩子的做事速度,但并没有从根本上改变。父母要以平和的态度,用正确的方法来引导孩子。

- 如果父母有磨蹭的毛病一定要改,养成干净利索的做事习惯,父母行为良好,才能让孩子有一个好的学习榜样。
- 父母可以设计一张"比赛"成绩表,通过比赛的方式改掉孩子做事慢吞吞的习惯,如果孩子有进步,就给予奖励,但同时也要保证做事质量,不能顾此失彼。
- 选择孩子爱听的故事、爱玩的游戏等来激发其做事的兴趣,促使孩子快速行动。例如,父母可以对孩子说:"如果你快点把玩具收拾好,我们就可以把昨天的故事讲完。"注意,父母答应的事就一定要兑现。
- 如果孩子因为动作不熟练、缺乏操作的技巧而做事缓慢,父母可以教给孩子一些基本的技能,例如怎样穿衣服更快,玩具摆放要分门别类等,让孩子找对方法,速度自然就提高了。
- 大部分孩子都会比较看重来自父母和外界的肯定与认同,所以父母要想让孩子改掉磨蹭的坏习惯,就要给予适当的鼓励。孩子受到正面激励,会将好的习惯继续保持,从而提醒自己做事不要磨蹭。
- 让孩子为自己的磨蹭付出代价,品尝自己磨蹭带来的后果,不失为一个改掉孩子磨蹭毛病的好方法。
- 对于孩子分内的事情,父母一定要让他自己去完成,不要包办一切,即使在刚开始时可能会出现一些小问题,也要让孩子摸索着完成。在这个过程中,孩子的能力得到锻炼,做事的速度就能提高。

外出注意安全

俗话说："读万卷书，行万里路。"父母经常带孩子出去走走，不仅能增添乐趣，还能打开孩子的视野。不过，孩子年龄尚小，还没有足够的安全意识，外出安全问题就显得尤为重要。

1

不管是外出旅游还是就近游玩，孩子很容易被外界事物所吸引，稍不注意就会跟父母走散。所以父母要在出门前对孩子进行安全教育，不要随便松开爸爸妈妈的手，不可以到处乱走，如果找不到爸爸妈妈要在原地等待，或者向警察叔叔求助。

2

孩子天性好动，且没有安全意识，父母要细心看管，不要留孩子一人看守行李；不要让孩子到危险的地方攀爬，如电梯、护栏等；乘坐火车时不要让孩子在座位、过道或车厢连接处跑动。总之，父母要保障好孩子的人身安全。

3

如果是自驾出行，一定要注意乘车安全。不要抱着孩子乘车，不要给孩子系成人安全带，不要让孩子单独坐在后排，不要将孩子一个人锁在车内，不要让孩子围着车辆玩耍，普通座椅不能取代安全座椅等。

4

父母不仅要加强孩子的安全意识，保障其人身和出行安全，还要注意饮食卫生。游玩过程中难免会品尝各种美食，如果不注意饮食卫生，再加上孩子本身就胃肠娇弱，很容易出现腹痛、腹泻等不适。

睡眠好习惯，让孩子一觉到天亮

很多孩子之所以长得慢、肥胖、多动等，都与睡眠有关。高质量的睡眠不仅有助于孩子体格的生长，更有助于孩子的智力发育。因此，培养孩子的睡眠好习惯非常重要。

从小建立规律的作息

孩子从小建立规律的作息很重要。养成按时起床、按时睡觉的习惯，可保证孩子全天精力充沛，不易生病，提高学习效率。

在孩子小的时候，父母可以帮助他建立规律的作息，引导孩子规律生活。等孩子慢慢长大，自主意识越来越强，父母应让孩子充分发挥主人公的作用，自己只是给出参考，不做主导。慢慢地，孩子就会拥有自律能力，作息规律，自然也能健康快乐地长大。

父母可以帮助孩子制订一张日常作息时间表，上面有孩子每天要做的事情、时间和奖励，比如，早上什么时候起床、什么时候吃饭、晚上什么时候听故事、什么时候睡觉等。一般来说，对于学龄前（3~6岁）儿童，宜在每天7:00~7:30起床，8:00左右吃早餐，上午可以学习或玩耍，13:00左右小睡半小时到1小时，下午可以安排适量的户外活动，21:00按时入睡。如果孩子合理安排白天的活动，晚上按时入睡，那么许多睡眠问题便会得到解决。同时，父母也可以跟着一起做，把自己要做的事情写在自律表上，以身作则，和孩子一起养成好习惯。

如果孩子到了上幼儿园的年纪，父母就要适时执行睡眠纪律。父母要给孩子明确规定好每天上床睡觉的时间，尤其是晚上。而且，一旦规定好，就不能随意变更。小一点的孩子，其时间观念可能不强，这时就需要父母的辅助。比如，可以告诉他："看完这页故事书，就到睡觉时间了。"

当孩子遵守作息规律时，有必要给他一定的奖励，比如一本新的故事书。相反，如果孩子不遵守作息规律，父母也可以行使一些惩罚手段，比如，告诉孩子因为他的"不听话"，本来周末要去游乐园的活动取消了，让孩子明白事情的重要性。

适当午睡对夜间安睡很重要

大量的研究和实践经验表明，白天按时、充足的小睡能够保证孩子良好的精神状态，也能促进夜晚的睡眠。

孩子午睡好处多

孩子在进行了一上午的活动后，身心已经很疲惫，适当地休息既是对身体的一种放松，也是对兴奋的大脑的一种缓解。进行短暂的休息，会为孩子下午的活动储备充足的能量。孩子白天的活动正常，晚上才更容易入睡，睡眠质量也更高。

孩子午睡的时长

不同年龄的孩子，午睡时间并不同。比如刚出生没几个月的宝宝，他们的时间基本都宜在睡眠中度过，父母不能扰乱他们的睡眠，以免影响他们的发育。对1岁以上的孩子，父母应该有意识地培养他们午睡的习惯。一般来说，1～3岁的孩子，每天午睡时间宜控制在2小时左右；3～6岁的孩子，午睡时间为1小时或1.5小时；6岁以上的孩子可以随着学校的安排每天按时午睡，一般是30分钟左右。

孩子不爱午睡怎么办

有些孩子从小就不爱午睡,这让父母非常困扰。因此,培养孩子从小养成良好的午睡习惯非常重要。

午饭过后,不要让孩子到户外活动,或者是做一些容易让精神亢奋的事情,也不要看电视。

给孩子营造一个良好的睡眠环境,如拉上窗帘,让孩子躺在身边;或者给孩子哼唱摇篮曲、讲故事。

如果孩子不肯睡午觉,父母可以用奖励进行诱导。

父母以身作则是非常重要的。家长有良好的午睡习惯,培养宝宝的午睡习惯相对来说会比较容易。

如果孩子实在不愿意午睡的话,父母也不必强迫孩子午睡,因为有一部分孩子属于睡眠需求比较少的。所以,父母只需要让孩子保持规律的睡眠就好了。

正确的睡姿有利于舒心睡眠

睡姿对一个人的睡眠很重要,好的睡姿有利于消除疲劳和恢复体力,可以改善睡眠质量,让孩子每一天都精力充沛。如果睡姿不好,比如经常趴着睡,会压迫心脏,影响体内的血液循环;蒙头睡会使孩子不能舒畅地呼吸到新鲜空气,并导致各种不良现象的发生,如打鼾、做噩梦等。

一般来说,侧卧睡是比较适合发育期孩子的睡眠姿势,尤其是右侧卧睡，几乎是适合所有人的睡眠姿势。采用右侧卧时，心脏处于高位，不受压迫；肝脏处于低位，供血较好，有利于新陈代谢；胃内食物借重力作用，朝十二指肠推进，可促进消化吸收。这种睡姿可使人体全身处于放松状态，使呼吸匀和，心跳减慢，大脑、心、肺、胃肠、肌肉、骨骼得到充分的休息和氧气供给。

不过，睡眠姿势还应根据孩子的身体状况而定。比如，有些孩子偏胖，可以选择仰睡。肥胖儿若侧卧睡，整个身体压在手臂上，可能睡不长久，也睡不踏实，而仰睡时，身体的大部分重量分散在后背，相对每个部位的压迫就轻些。

适当的睡前活动有助入眠

如果孩子到了晚上该睡觉的时候还劲头十足，父母不妨和孩子一起做些睡眠活动，帮助孩子尽快入睡。

抚触与按摩

父母可以通过抚触和按摩孩子的身体，帮助孩子放松，使孩子感到亲切、温暖，减轻不安情绪。按摩还有助于舒缓孩子的神经，改善睡眠质量。

睡前泡脚

睡前可以用温水泡脚，水温夏天在38～40℃，冬天在45℃左右，水量以没过整个足部为宜，浸泡5～10分钟即可。泡完还可以给孩子捏捏脚，有助于他们的睡眠和生长发育。

喝一杯热牛奶

实验发现，睡前半小时喝杯热牛奶，容易让人产生昏昏欲睡的感觉，尤其在后半夜，会睡得更香甜。而且，牛奶还能给孩子补充营养。

例行活动

父母可以要求孩子做一些睡前例行活动，比如刷牙、洗脸、准备好第二天要穿的衣服等，或是讲一则睡前故事，渐渐地孩子就会养成习惯，明白做完这些事情就该睡觉了。

保持良好的心情入眠

睡眠专家指出，孩子心情好，身心得以放松，不仅有助于快速入睡，还对提高睡眠质量大有裨益。因此，父母在平时要多关心孩子的情绪状态，让孩子保持一个愉悦的心情。

- 选一些节奏优美的古典乐、轻柔欢快的儿童歌曲和亲近大自然的音乐等，可以让孩子放松心情。
- 为孩子营造舒适的睡眠环境，有助于放松身心，包括房间温度、舒适的床单、柔软的枕头等。
- 不要因为一些小事和孩子生气，尤其是在睡前，不要给孩子太多的心理压力。
- 睡前和孩子玩一些轻松的小游戏，或是给孩子讲一则轻松有趣的睡前故事，也能让孩子保持好心情。
- 大一点的孩子可以通过阅读一些优美的散文、诗歌等，让大脑放松。

睡前不宜太兴奋

比如，孩子在睡前看电视时间过长，一些紧张离奇的情节深深地印在脑海里；有的孩子睡前听了惊险故事或打闹过欢，使大脑过于兴奋，睡觉后大脑仍保持在兴奋状态。这样，孩子睡觉时虽然进入了睡眠状态，可精神活动还在持续，很容易出现磨牙现象。而且，睡前太兴奋，很容易会在睡眠中被噪声吵醒，造成睡眠中断，很难保证孩子的睡眠质量，而长期睡眠质量差会影响孩子的大脑与身体发育，严重时还会造成孩子睡眠时间混乱，引发其他疾病。

专家建议，父母可以让孩子在睡前1～2小时内做一些简单的智力小游戏，在睡前1小时不宜做需耗费体力的游戏。

至于大一点的儿童，则需要注意避免睡前剧烈运动。临睡前，身体需要一个安静舒适的环境，以便大脑皮质神经细胞的抑制过程加强，使人尽快进入睡眠状态。如果这时活动剧烈，会使大脑皮质的神经细胞产生兴奋，进而延缓入睡时间，影响睡眠。有时虽然也能入睡，但由于大脑皮质还有少量神经细胞处于兴奋状态，就会出现睡眠不实或多梦等现象。

非睡眠时间不要待在床上

有些孩子喜欢躺在床上看书、玩游戏、发呆，就医学的角度而言，在非睡觉时间躺在床上，身体并不会获得充分的休息。相反，如果想要在正常睡眠时间获得充分的休息，非睡眠时间切不可躺在床上。尤其是假日的时候，醒了就要尽快起来，否则会降低睡眠质量，还会增加平日的赖床概率。

人脑有一个特点，那就是会将"场所"与"行为"联系起来记忆。若在床上学习或玩耍，脑部就会产生在床上要用前叶思考、要用语言中枢读取文字的反应，并以这样的方式来记忆床。当人真正想睡觉时，躺在床上，这些与睡眠中枢神经有关的部位便会开始运作。即使你没有特别在思考什么事情，也根本没在看书，睡眠期间的脑部活动仍会受到阻碍，从而产生睡眠障碍。另外，非睡眠时间躺在床上还会扰乱生物钟，更加不利于睡眠。

赖床是种坏习惯

入学以后，孩子每天必须在规定的时间上学，可是，一般的孩子都喜欢赖床，每天早晨，闹钟一次次地响，父母一遍遍地催，折腾好久才慢腾腾地起来。尤其是在冬天，孩子赖床的现象更为严重。还有些孩子每逢节假日，早晨都会睡到很晚，即便醒了也不愿起床。

生活中我们经常可以看到，喜欢赖床的孩子，白天总是昏昏欲睡，没有精神，学习成绩也不好。其实，睡眠时间长不等于睡眠质量好，长期赖床不仅不会缓解身体的疲劳，还会加重睡眠障碍，不利于良好睡眠习惯的养成。

在日常生活中，家长应让孩子遵守作息时间，养成良好的生活习惯。只有保持人体器官正常的昼夜规律，才会使我们在白天精力充沛，晚上睡眠安稳。

孩子夜惊不仅仅是做噩梦

夜惊是孩子睡眠中的常见现象。研究报告指出，孩子夜惊高发期在4~12岁。极度疲劳和睡眠剥夺都会引起夜惊。孩子夜惊可能表现为突然坐起来、磨牙、睁眼，甚至尖叫、惊恐，围着房子转圈，或是发疯似的想冲出房间。这种现象每次发作1~2分钟，孩子早上醒来后通常无记忆，这一点和梦魇不同。

此时，父母应温和地把孩子引到床上，让孩子重新睡下。此外，日常生活中，父母要注意减少孩子的压力，多和孩子沟通，增加亲子间的接触与交流，营造良好的家庭环境。还要帮助孩子建立固定的睡眠时间体系，确保孩子得到充足的休息。采取按摩、营养补充等方法，也能辅助减少夜惊的发生。

孩子"闹觉"不能一味"哄"

很多父母在育儿路上都会碰到一个问题：孩子爱"闹觉"。何为"闹觉"呢？"闹觉"在心理学上被称作"睡眠启动依赖"，表现为孩子每到睡觉的时候就特别兴奋，睡不着，甚至哭闹，总要父母抱起来拍着、哄着或是含着妈妈的乳头才能再次入睡。"闹觉"现象多发生在1岁左右的孩子身上，一顿闹腾下来，不仅孩子疲累，父母也常常不能睡个好觉。

心理学家分析，孩子"闹觉"排除饿了、尿了、不舒服等生理因素，很可能与孩子缺乏安全感有关。父母除了要细心观察孩子的身体状况之外，平时也要多花时间陪孩子，让孩子感受到父母的爱。

如果孩子只是单纯地"闹"，父母就要引起注意，不能一味地"哄"。父母应学会培养孩子自己入睡的能力，不能一闹就抱。可以采取"消极应对法"，让孩子自己闹一会儿，孩子见到父母没有搭理，自然就会安静下来。孩子半夜醒来，父母也不必过分紧张。如果孩子一哭就抱起来哄，久之容易让孩子产生依赖性。

做不尿床的好孩子

很多孩子都有尿床的经历,这是很正常的现象,只是由于个体差异,每个孩子养成不尿床习惯的时间有早晚之分。

"孩子大了就不会尿床"是错误的观点。孩子是否尿床取决于生理发展的成熟度。一般来说,随着时间的推移,孩子身体相应的神经系统成熟了,尿床现象自然就会消失。如果孩子长到3岁以上依然存在尿床现象,就要引起重视了。

作为父母,首先不能责怪孩子尿床。孩子多不是故意尿床,他并没有做错事,如果因此而受到父母的责骂,很容易损伤其自尊心。

没有及时给孩子进行排尿训练,使用尿不湿的时间过长等,都可能导致孩子对排尿行为没有敏感的反应,进而出现尿床现象。

孩子的内裤过紧、睡前喝水太多、突然变换新环境、气候突然改变等,也是容易引起孩子尿床的原因,父母要多加注意。

让孩子养成排尿好习惯,比如督促孩子睡前小便,不要憋尿睡觉;孩子3岁以后,就要训练孩子白天主动、晚上被动排尿的习惯。

几乎所有的孩子都能做到晚上不尿床,在养成这个不尿床习惯的过程中,肯定会有反复,有的孩子可能需要几年时间才能做到完全不尿床。作为父母,一定要有耐心,不要过分关注,否则孩子尿床的现象可能出现得更频繁。相反,当父母表现出轻松、宽容、不在意的态度时,孩子的尿床次数反而会逐渐减少,甚至完全不再尿床。

学习好习惯，打造小小"智多星"

> 学习习惯是指在学习过程中经过反复练习形成并发展，成为一种个体需要的自动化学习行为方式。良好的学习习惯有利于激发孩子学习的积极性和主动性，培养他们自主学习的能力。

用正确的姿势看书、写字

保持正确的读写姿势，是学习卫生的一个重要要求，也是孩子从小就要养成的学习习惯。一般来说，读写时要做到"三个一"：

- 看书时眼睛与书本保持约1尺（30～35厘米）的距离。
- 端正坐姿时，身体与桌子保持1个拳头的距离。
- 握笔时手与笔尖保持约1寸（3厘米）的距离。

孩子在读书或写字时，身体的姿势、眼睛与书本的距离、身体与桌子的距离、写字的姿势以及执笔的姿势都要正确。

正确的读写姿势

双腿自然垂放地面，胸挺起，背挺直；两臂张开平放在桌上（两肩不能一边高一边低）或放于身体背后；身体要端正，不歪头，不伏在桌子上。看书时，书本与眼睛要保持30～35厘米的距离。写字时，两臂自肘部向前都要放在桌子上，不要仅把手腕放在桌上。

正确的执笔姿势

笔杆放在拇指、食指和中指的三个指梢之间，食指在前，拇指在左后，中指在右下，食指应较拇指低些，手指尖距笔尖约3厘米。笔杆与纸面保持大约60°的倾斜，掌心虚圆，指关节略弯曲。

另外需注意，连续看书半小时后，要休息一会儿，并坚持做眼保健操。不要在行进的车上看书，不要在走路时看书，也不要躺着看书。读写时光线要充足、适度，左侧采光，不要在强光或弱光下看书、写字。

学会管理学习用品

父母和学校老师要教育孩子养成爱护并整理学习用品的好习惯：

- 书桌、书包干净整洁，摆放有序。不在桌椅上乱画、乱刻。
- 书本、作业本、练习册页面保持卫生整洁，不乱涂乱画，不撕扯。
- 学会保存用过的纸张及书本，做到不乱扔、乱丢。
- 爱惜各种文具，铅笔和橡皮要放在文具盒里，收拾整齐、干净，需要时方便寻找。

父母和学校老师可以根据孩子对待学习用品的情境，分别描述正面（文明）与反面（不文明）的事例，鼓励孩子判断哪些小朋友做得好，哪些小朋友做得不好，并讲明理由。通过判断对错，让孩子明辨是非，知错不犯错。

如果孩子不会整理学习用品，父母可以引导他诵读爱护学习用品的儿歌，让记忆更深刻。如："小朋友爱学习，学习用品要爱惜。不撕书本不乱画，还要给它包书皮。铅笔橡皮不乱丢，干净整齐放盒里。学习用品收拾好，利于寻找方便你。"

做到自主学习

要想让孩子做到自主学习，父母首先要明白让孩子自主学习的重要性，并学会正确地爱孩子，然后才能从生活和学习中加以引导，并让孩子慢慢养成学习好习惯。

父母不当孩子学习的"拐杖"

父母在为孩子创造"幸福童年"的时候，一定要充分认识并发挥孩子的主体性和自主性。孩子的成长谁也代替不了，将来的风风雨雨必须亲身经历，未来的路也必定要自己走。因此，应给孩子的成长创造条件和锻炼的机会，而不是事事包办、做孩子的"代言人"。父母理智的爱，才是孩子需要的爱。

慢慢培养孩子自主学习的习惯

学习习惯的力量是巨大的，孩子一旦养成好的学习习惯，就会不自觉地在这个轨道上运行，使其终身受益。比如，勤于思考的习惯、集中注意力的习惯、预习和复习的习惯、独立完成作业及自己检查作业的习惯、自己整理学习用品的习惯等。

以下几点，有助于孩子养成好的习惯：

- 告诉孩子每个人都有自己的事情要做，比如，学习就是他自己要做的事。
- 自己的事情自己做。
- 指导孩子自己检查作业。
- 对孩子进行适当的挫折教育，让孩子独立解决有一定难度的问题。
- 有意识地为孩子创造机会，让孩子独立做一些力所能及的事情。

引领孩子在实践中培养自主学习的意识

"好奇是知识的萌芽。"要想让孩子在实践中培养自主学习的意识，父母要学会激发孩子的兴趣、保护孩子的好奇心。

平时和孩子说话的过程中，应经常采用提问的方式，一方面可以引导孩子学会观察和思考，另一方面可以让孩子从小就养成爱提问的好习惯。对于孩子的每一个"为什么"，父母都要耐心、认真地对待，即使很清楚地知道答案，也要抑制立即回答的欲望，否则就会丧失和孩子讨论、让孩子思考的机会。呵护孩子宝贵的好奇心，激发孩子的求知欲，才能一步步地把孩子引领到学习的殿堂。

学会制订学习计划

制订计划并按照计划学习，是学习中的头等大事，是每一位学生都要会做的事情。有了计划就有了方向和动力。计划可以调整，但不可放弃。计划应该包括每天的时间安排，考试复习安排，以及双休日、寒暑假安排；计划要简明，什么时间干什么、达到什么要求要明确，这样学习才会有的放矢。

孩子制订学习计划应在父母或老师的指导下进行，并根据自身的环境和优缺点制订切实可行的、循序渐进的计划。这样才能使孩子在学习中稳扎稳打、步步为营，提升学习成绩。

合理把握学习过程

学习过程包括预习、复习、作业等多个环节，孩子应养成合理规划学习过程的习惯，这样才能收到良好的学习效果。

认真预习

预习可以帮助扫除课堂学习的知识障碍，提高听课效率；并能发展孩子的自学能力，减少对父母和老师的依赖，增强独立性。

专心听课

一旦上课，坐到书桌前，就要进入适度紧张的学习状态，力求当堂掌握，这样学习的效率才会高。

及时复习

根据遗忘曲线，识记后的两三天，遗忘速度快，之后逐渐减慢下来。因此，对刚学过的知识，应及时复习。归纳知识要点，找出知识之间的联系，明确新旧知识的关系，思考解决问题的方法。忌在学习之后很久才去复习，这样所学知识会很快遗忘，复习等于重新学习。

及时并独立完成作业

要养成科学安排时间的习惯，做到该学时学、该玩时玩，必要时应请求老师及父母的督促。坚持下去，就能形成良好的学习习惯。

及时改错

孩子除了要按时、保质、保量完成作业,对于自己在学习中所犯的错误、作业中出现的问题,都要及时改正。

独立钻研,多思善问

孩子要想学习好,必须养成独立钻研、善于思考、务求甚解的习惯。应学会追根溯源,寻求事物之间的内在联系,这样才能活学活用。

另外,父母应注重培养孩子"善问"的习惯。也就是说要善于发现问题,多问自己为什么,同时还要多向老师、同学请教。

多向别人学习

善于向他人学习,取人之长、补己之短本身就是一个好习惯。这对孩子的成长和成才具有积极意义。

著名教育专家魏书生曾建议父母为孩子树立一个学习的榜样,不但要有书本上的大榜样,还要有生活中的小榜样,让孩子从榜样的身上吸取他人的优点,学习他人的长处,鼓励自己上进。这比父母给孩子空讲做人做事的道理有用得多。

父母可以让孩子多读名人的奋斗故事和成长的经历,多给孩子介绍身边的优秀者的故事,让孩子能够有机会亲身感受他人的品质和精神,从他人身上吸收奋斗的"养料"和成长的动力。

不做学习"马大哈"

"我家孩子真的太粗心了,每次考试都忘记带铅笔。""孩子每次考试出错的都是一些很简单的题,但只要一提醒就会马上意识到!""孩子上次大考前面的题基本满分,后面翻页的一个大题竟然没做,问他说没看到……"

孩子的"马大哈"行为,总是让父母操碎了心,很多父母甚至反复数落孩子，但似乎起不到什么作用。是孩子的记忆力有问题吗？显然不是。这些孩子在用心记忆的时候，效果并不差。那么，孩子为什么总是丢三落四，又怎么才能让孩子告别"马大哈"呢？

孩子丢三落四有原因

仔细观察，我们会发现这些"马大哈"的孩子或多或少都有同样的特征：独立性差、依赖性强、粗心大意、毛毛躁躁等。究其原因，主要有以下几个方面：

- 注意力不集中。父母不注意对孩子进行专注力训练，孩子经常一心二用，长期下来，就会导致做事情时无法集中注意力。
- 父母过度干预。如果父母总是习惯事事为孩子准备妥当，久之孩子就会养成依赖性，什么都不想，进而养成马虎、不爱思考和不喜欢自己动手的习惯。
- 心理素质差。有些孩子心理不稳定、容易激动和紧张，也容易导致粗心的后果。比如，有些孩子会因为考试太紧张而丢三落四。

引导孩子告别"马大哈"

父母一定要注重培养孩子细心做事的好习惯，并将其运用到学习和生活中去。

- 父母适当放手，让孩子养成自我管理的习惯，减少对父母的依赖。久而久之，孩子就不会丢三落四了。
- 培养孩子的"秩序"习惯。如用完的玩具放回原位，出门前清点随身物品等。
- 提高孩子的认知和视觉辨别能力。父母可以让孩子多做一些精细和对比训练，比如"找相似""找不同"，在实际操作中让孩子学会关注细节。
- 多给孩子"细心"的心理暗示。父母应多观察孩子的细心之处，并加以表扬，孩子就会得到积极的心理暗示——"自己很细心"。同时让孩子看到细心的好处，从而产生克服粗心的主观能动性。

其他好习惯，让孩子全面发展

> 良好的习惯是孩子一生的财富，因此，父母需要培养孩子各个方面的好习惯，让孩子更加全面地发展。

从小培养讲卫生的好习惯

讲卫生是一个非常好的生活习惯，也是很重要的习惯，关系到一个人的身心健康。

要时刻牢记，只有在健康的环境中才能更幸福地成长。孩子想要自由地探索世界，经常会用手去摸一摸，所以父母总会看到孩子玩累了就伸出黑黑的小手去拿饼干吃，这让父母很苦恼，怎样才能帮助孩子养成讲卫生的好习惯呢？

下面为家长提供5个方面的重点，父母可以有意识地学习一下，在日常生活中慢慢培养孩子，使孩子受益终生。

多加提醒，耐心引导

好的行为习惯不是一天就能养成的，需要父母多加提醒和引导。当孩子玩累了想要吃东西的时候，父母一定要及时提醒孩子先洗手，洗干净之后才可以吃东西。父母可以告诉孩子，黑黑的小手上都是细菌，如果不洗手把小虫子吃到肚子里，那么吃到的好吃的就都被它抢走了，而且还会让身体生病。孩子明白了勤洗手的重要性，也就会乐意配合。

纸巾或湿纸巾随身带

父母可以在孩子的衣兜里放上湿纸巾，当他想要吃东西时，就提醒孩子先拿出湿纸巾把手擦干净；如果孩子需要擦鼻涕，父母也要提醒他用纸巾。起初，孩子可能会忘记或者不配合，父母不要训斥，应该多点耐心提醒和引导他，久而久之，孩子就会逐渐养成使用纸巾或湿纸巾的好习惯了。

利用故事来教育孩子

对于年龄稍小一些的孩子，因为他们的理解能力较差，在成人看来很简单的事情，孩子却难以理解。此时，可以通过讲故事的方式，让孩子接受。父母可以先讲一个正面的事例，再讲一个反面的事例，让孩子去评判，加深他的印象，让良好的卫生习惯深入孩子的脑海。

让孩子参与劳动

对于年龄稍大一些的孩子，父母可以引导他自己洗用过的手绢、毛巾等，帮助孩子养成讲卫生的习惯，同时也能体会到劳动的辛苦。

营造干净的居家环境

如果孩子整天生活在脏乱的环境中，自然不会养成讲卫生的好习惯。所以父母要为孩子营造一个干净、整洁的环境，让孩子明白讲卫生的好处和重要性。随着年龄的增长，孩子逐渐参与到劳动中，就会体会到讲卫生的好处，养成讲卫生的好习惯了。

多做运动，强身健体

让孩子远离电子产品，多去户外做运动，对孩子的健康成长有诸多好处，但有些父母抱怨孩子并不喜欢运动，还有的父母甚至不闻不问，觉得只要孩子过得开心，不运动也无妨，其实，这种想法和做法都是不妥当的。

让孩子做运动是一个长时间坚持的"系统工程"，父母要多花点心思。下面，我们先来了解一下运动的好处吧！

运动的好处

1. 运动能增强孩子的肌肉力量，使肌肉变得丰满而有弹性，有力量的肌肉可以更好地保护骨骼，还可使孩子动作灵敏，身体灵活。
2. 坚持运动可促进血液循环，让骨组织得到更多营养，加速骨骼生长，有助于孩子长得更高。
3. 运动过程中需要消耗大量的氧气，能使呼吸频率逐渐增加，肺活量增大，呼吸器官功能增强，同时肺部吸入的氧气通过心脏搏动运输到身体各个组织，心脏的功能也会得到增强。
4. 在神经系统良好的指挥下，人体的各种动作才能协调完成，反过来，当孩子进行各种运动锻炼时，也会对神经系统起到调节的作用。
5. 户外运动可以让孩子接触到阳光、不同温度的空气等刺激，当天气或季节发生变化时，孩子可以从容应对，体质也会逐渐增强，这样便可以减少患病的概率。
6. 运动还可以对胃肠道产生按摩作用，使胃肠道消化吸收的功能增强，从而增强孩子的食欲。
7. 如果孩子和其他小朋友一起做运动，在这个过程中，孩子能学会如何与人交往，其社交能力得到提升，性格也会变得开朗。

让孩子爱上运动的方法

1. 要想让孩子爱上运动,父母首先要以身作则,通过自己的实际行动来带动孩子的运动热情。而且,父母与孩子一起运动,还可以增进亲子关系。如果父母自己沉迷于手机、电脑,孩子也会跟着模仿。
2. 做运动不一定非要去运动场,可以充分利用身边的资源,现在一般的小区都会配备一些体育健身器材,父母可以多鼓励孩子去玩,在玩耍的过程中不仅能锻炼身体,还能结交同小区的小伙伴,一举两得。
3. 根据孩子的年龄、喜好,选择相适应的运动项目,如跑步、跳绳、足球、游泳等,同时还要注意运动安全。当孩子的爱好发生转变时,父母不要拒绝他的要求,因为孩子正在探索不同运动项目的不同乐趣。
4. 父母要善于调动孩子的积极性,当孩子感到有趣、开心的时候,他就愿意坚持下去。需要提醒父母注意的是,不要强制规定孩子的运动量,要根据具体情况,劳逸结合。
5. 父母还可以有意识地结交一些跟自家孩子年龄相仿的小朋友的家长,相约去郊游、骑行、打篮球等,有小伙伴一起,孩子的运动兴趣会很高涨,也会逐渐养成爱运动的好习惯。

做懂礼貌的好孩子

文明礼貌是待人接物的基本礼仪,如今,越来越多的孩子因为溺爱而变得任性、霸道甚至无理。如果父母放任不管,很可能会影响孩子日后的人际交往。那么,怎样才能让孩子变得懂礼貌呢?

对于孩子礼貌方面的教育越早越好,微笑就是其中之一。即便是还不能清楚表达自己意思的小宝宝,父母也可以经常逗他笑一笑,鼓励他在家人、朋友面前微笑,让他知道微笑是表达友好的一种方式。

当孩子能用语言表达自己的想法时,父母就要有意识地教给孩子礼貌用语,例如"您好""请""谢谢""对不起""没关系"等,同时还可以配合大方的行为举止,如与人见面要打招呼,分手时要挥手再见等,不说脏话,不做粗鲁的行为。学习懂礼貌是反复实践的过程,父母要多创造练习的机会，让孩子从小就注意自己的言行举止。

父母要告诫孩子不去打扰别人。让孩子知道在别人说话或者做事的时候，不要随便打断别人的话语或随便插足别人的事情；在公众场合不能大吵大闹，如果孩子过于喧闹，父母一定要及时制止。

父母教育孩子讲文明懂礼貌时，要把握正确的教育时机。例如，碰到孩子主动向邻居问好时，应及时给予表扬，强化孩子的礼貌意识；如果孩子说话过于粗鲁，及时批评他，指出他的错误之处，不为其开脱，让孩子学会认错，培养正确的是非观念。这样效果会事半功倍。

说教永远比不上言传身教的力量，孩子从小到大，接触的环境最多的就是家庭环境。父母懂礼貌、有教养，会在潜移默化中影响孩子；反之，如果父母常常不注重言行举止，那么孩子也会在无形中模仿家长，变得蛮横无理。因此，做父母的要从自身做起，给孩子树立学习的榜样。

30天成长记录手账

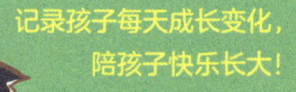

记录孩子每天成长变化，
陪孩子快乐长大！

10天了解
孩子行为规律

30天培养
孩子好习惯

| 日期 | 星期 | 天气 ☀ ☁ ☂ ☔ |

行为记录

行为分析

应对策略

效果与反思

口吐泡泡——正常的生理现象

日期　　　星期　　　天气 ☀ ⛅ 🌧 ☁

行为记录

行为分析

应对策略

效果与反思

故意捣蛋、伸手打人——想引起注意

| 日期 | 星期 | 天气 ☀ ☁ ☂ ☁ |

行为记录

行为分析

应对策略

效果与反思

爱吃手指——宝宝处于"口欲期"

| 日期 | 星期 | 天气 ☀ ☁ ⛈ ☁ |

行为记录

行为分析

应对策略

效果与反思

反复扔东西——不断体现学到的新本领

| 日期 | 星期 | 天气 ☀️ ☁️ 🌧️ ⛅ |

行为记录

行为分析

应对策略

效果与反思

爱说狠话——诅咒敏感期的表现

| 日期 | 星期 | 天气 ☀ ☁ 🌧 ☁ |

行为记录

行为分析

应对策略

效果与反思

喜欢说"不"——第一反抗期来了

| 日期 | 星期 | 天气 ☀ ☁ ☔ ☁ |

行为记录

行为分析

应对策略

效果与反思

喜欢上下楼梯——行走敏感期到来

| 日期 | 星期 | 天气 ☀ ☁ ☂ ☁

行为记录

行为分析

应对策略

效果与反思

随口咬人——正处于口腔敏感期

| 日期 | 星期 | 天气 ☀ ☁ ☂ ☁ |

行为记录

行为分析

应对策略

效果与反思

喜欢抢别人的东西——自我意识开始萌芽

| 日期 | 星期 | 天气 |

行为记录

行为分析

应对策略

效果与反思

孩子总是尿裤子——顺利度过肛欲期

| 日期 | 星期 | 天气 ☀ ⛅ 🌧 ☁ |

行为记录

行为分析

应对策略

效果与反思

和大人抢着接电话——提升语言表达能力

| 日期 | 星期 | 天气 ☀ ☁ ☔ ☁ |

行为记录

行为分析

应对策略

效果与反思

把别人的东西拿回家——只是喜欢不是偷

| 日期 | 星期 | 天气 ☀ ⛅ 🌧 ☁ |

行为记录

行为分析

应对策略

效果与反思

偷看大人洗澡、玩弄生殖器——性意识开始萌芽

| 日期 | 星期 | 天气 ☀ ☁ ☔ ☁

行为记录

行为分析

应对策略

效果与反思

孩子恋物——从"完全依恋"走向独立

| 日期 | 星期 | 天气 ☀ ☁ ⛆ ☁ |

行为记录

行为分析

应对策略

效果与反思

爱告状——依赖心理的表现

| 日期 | 星期 | 天气 |

行为记录

行为分析

应对策略

效果与反思

表扬孩子要具体、可信

| 日期 | 星期 | 天气 ☀ ☁ ☂ ☔ |

行为记录

行为分析

应对策略

效果与反思

惩罚孩子要得当

| 日期 | 星期 | 天气 ☀ ⛅ 🌧 ☁ |

行为记录

行为分析

应对策略

效果与反思

安抚孩子前，先控制自己的情绪

| 日期 | | 星期 | | 天气 | ☀ ☁ ☔ ☁ |

行为记录

行为分析

应对策略

效果与反思

无规矩不成方圆,事先定好规矩

| 日期 | 星期 | 天气 ☀ ⛅ ☁ 🌧 ☁ |

行为记录

行为分析

应对策略

效果与反思

给孩子纠错时,父母先认错

| 日期 | 星期 | 天气 ☀ ☁ 🌧 ☁ |

行为记录

行为分析

应对策略

效果与反思

孩子间争吵时,少一些干预

| 日期 | 星期 | 天气 ☀ ☁ ☔ ☁

行为记录

行为分析

应对策略

效果与反思

玩游戏时,不必时刻让着孩子

日期	星期	天气

行为记录

行为分析

应对策略

效果与反思

碰到孩子不听话时，父母应尽量心平气和地对待。

| 日期 | 星期 | 天气 ☀ ☁ ☂ ☁ |

行为记录

行为分析

应对策略

效果与反思

孩子的世界很简单,他们需要的是陪伴。

| 日期 | 星期 | 天气 |

行为记录

行为分析

应对策略

效果与反思

睡前是记忆的黄金时段。

| 日期 | 星期 | 天气 ☀ ☁ ⛈ ☁ |

行为记录

行为分析

应对策略

效果与反思

父母要接纳孩子的个性,根据孩子的个性进行有针对性的引导。

| 日期 | 星期 | 天气 ☀ ☁ ⛈ ☁ |

行为记录

行为分析

应对策略

效果与反思

孩子爱说谎是一种普遍存在的心理现象。

| 日期 | 星期 | 天气 ☀ ☁ 🌧 ☁ |

行为记录

行为分析

应对策略

效果与反思

孩子之所以爱撒娇,最大的心理动机是缺乏安全感。

| 日期 | 星期 | 天气 |

行为记录

行为分析

应对策略

效果与反思

倾听,是父母与孩子重要的、有效的沟通方式之一。

| 日期 | | 星期 | | 天气 |

行为记录

行为分析

应对策略

效果与反思

在亲子关系中,沟通是非常重要的,而沟通的前提是平等。

凤凰含章悦读汇
用心创造现代阅读之美

凤凰书苑

（非卖品）